高等院校艺术设计类系列教材

U0187236

室内外工程制图

陈雷 张瑞峰 孙晓倩 赵晶 编著

清华大学出版社
北京

内 容 简 介

本书是一本关于室内外工程制图的实用性书籍，书中以典型的实际案例为载体，理论与实践相结合，目的在于提高学生识图能力，注重培养学生动手能力和实践能力。本书共 5 章，包括制图工具与标准，投影与视图，室内工程制图，建筑工程制图和景观工程制图五个方面的内容。

本书实用、全面，图文并茂，适用于室内设计、建筑学、环境艺术设计等相关专业的从业者和学生阅读使用。

图书在版编目（CIP）数据

室内外工程制图/陈雷等编著. —北京：清华大学出版社，2024.1
高等院校艺术设计类系列教材
ISBN 978-7-302-64759-1

Ⅰ.①室⋯　Ⅱ.①陈⋯　Ⅲ.①建筑制图—高等学校—教材　Ⅳ.①TU204

中国国家版本馆CIP数据核字(2023)第192603号

责任编辑：孙晓红
封面设计：杨玉兰
责任校对：孙晶晶
责任印制：刘海龙
出版发行：清华大学出版社
　　　　　网　　　址：https://www.tup.com.cn，https://www.wqxuetang.com
　　　　　地　　　址：北京清华大学学研大厦A座　　　　　邮　　　编：100084
　　　　　社 总 机：010-83470000　　　　　邮　　　购：010-62786544
　　　　　投稿与读者服务：010-62776969，c-service@tup.tsinghua.edu.cn
　　　　　质量反馈：010-62772015，zhiliang@tup.tsinghua.edu.cn
　　　　　课件下载：https://www.tup.com.cn，010-62791865
印 装 者：三河市君旺印务有限公司
经　　销：全国新华书店
开　　本：190mm×260mm　　　　　印　　张：11　　　字　　数：265千字
版　　次：2024年1月第1版　　　　　印　　次：2024年1月第1次印刷
定　　价：48.00元

产品编号：089064-01

Preface 前　言

　　随着社会的发展和科技的进步，工程制图在室内外设计和建筑领域中扮演着越来越重要的角色。例如，环境设计、工业设计、家具设计等都要依据图样来制作和实施。为了满足相关院校及岗位需求，并考虑到施工技术人员的特点和文化基础，我们编写了本书，旨在帮助读者掌握工程制图的基本原理和方法，提高制图水平，为实际工作提供有力的支持和指导。

　　本书的编写依据国家制图标准《房屋建筑制图统一标准》（GB/T 50001—2017）、《总图制图标准》（GB/T 50103—2010）、《建筑制图标准》（GB/T 50104—2010）、《房屋建筑室内装饰装修制图标准》（JGJ/T 244—2011）、《风景园林制图标准》（CJJ/T 67—2015）等与环境设计相关的专业制图规范和标准。在编写过程中力求将图示方法、制图标准和文字叙述三者较好地结合起来。

　　本书的内容主要涵盖了室内外工程制图的基本概念、投影原理、视图表达、标注方法以及制图规范等方面。通过深入浅出的讲解，结合丰富的实例和实践经验，帮助读者全面了解室内外工程制图的各个方面。

　　本书具有以下特点。

　　1. 系统性。本书内容系统全面，从基本概念到实践应用，覆盖了室内外工程制图的各个方面。读者可以按照章节顺序逐步学习，形成完整的知识体系。

　　2. 实用性。本书注重实用性和可操作性，通过大量的实例和实际案例，帮助读者掌握工程制图的实践应用技巧和方法。同时，结合实际工作需求，对制图规范和标准进行了详细讲解。

　　3. 易学性。本书语言简洁明了，内容由浅入深，逐步引导读者掌握室内外工程制图的基本方法和技能。对于初学者来说，可以轻松上手，逐步提高制图水平。

　　4. 图文并茂。本书采用图文并茂的方式，通过大量的插图和图示，帮助读者更好地理解工程制图的基本原理和方法。同时，提供了大量的实际案例，使学习更加生动有趣。

　　通过阅读本书，读者将能够全面掌握室内外工程制图的基本原理和方法，提高制图水平和实践能力。

　　本书由陈雷、张瑞峰、孙晓倩、赵晶编写，陈雷负责全书的统稿。由于编者水平有限，书中难免存在疏漏和不足之处，敬请广大读者批评和指正。

编　者

Contents 目 录

第1章

制图工具与标准

 学习要点及目标

让学生对所学课程有一个初步的了解，掌握制图符号和绘图方法；能正确使用绘图工具绘制几何图形。

本章导读

施工图是表示工程项目总体布局，建筑物、构筑物的外部形状、内部布置、结构构造、内外装修、材料与工艺以及设备、施工等要求的图样。施工图按种类可分为建筑施工图、结构施工图、水电施工图等。施工图是工程施工的主要依据之一，是进行投标报价的基础，是进行工程结算的依据，是编制工程施工计划、物资采购计划、资金分配计划、劳动力组织计划等的依据。图1-1所示是某酒店客房的施工图。

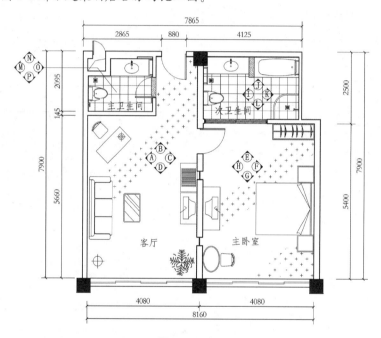

图1-1　某酒店客房的施工图

为了达到工程图的统一，保证绘图的质量与速度，使图样简明易懂，符合设计、施工与存档等要求，国家制定了相应的标准与规范。

1.1　绘图工具

长期以来，设计师以笔、尺和圆规在图纸上进行手工绘图，正确地使用工具和仪器，是提高制图质量、准确和迅速绘制图样的前提。现在计算机辅助制图已经非常普及，在很多场合，

计算机绘图代替了烦琐的手工制图。但是在方案设计的前期，我们还会需要徒手快速表达一些图样，掌握一定的手工制图技能是清晰表达绘图思路的有利途径。

设计师使用的绘图工具主要有绘图板、丁字尺、三角板、圆规、分规、比例尺、绘图铅笔、绘图笔、曲线板、硫酸纸等。

1.1.1 绘图板、丁字尺、三角板

绘图板是铺放图纸用的，要求板面平整光滑，工作边平直。绘图时，图纸用胶带纸固定在绘图板上。绘图板一般有0号绘图板（900mm×1200mm）、1号绘图板（600mm×900mm）、2号绘图板（450mm×600mm）等规格。绘图板和丁字尺如图1-2所示。

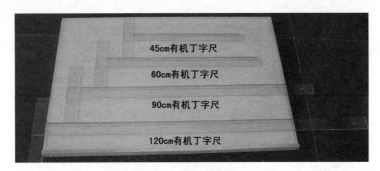

图1-2 绘图板和丁字尺

丁字尺由尺头和尺身两部分组成，画图时应使尺头紧靠图板左侧的工作边，不得使用其他侧边。丁字尺主要用于画水平线，配合三角板可画垂直线及斜线，画水平线时应自左向右画，如图1-3所示。

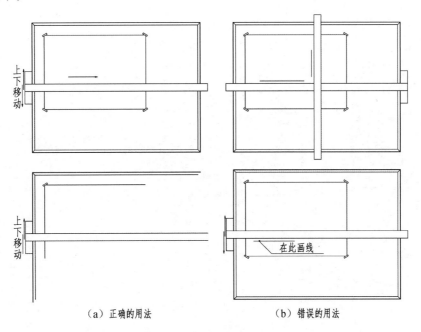

（a）正确的用法   （b）错误的用法

图1-3 丁字尺使用方法

　　一副三角板有两个，一个是底角为45°的等腰直角三角板，一个是两个角分别为30°、60°的直角三角板。三角板和丁字尺配合，可画出铅垂线及多种角度的倾斜直线（15°，30°，45°，60°，75°），两个三角板配合可画出平行线及垂直线，如图1-4（a）所示。用三角板配合丁字尺画垂线的方法是将三角板的一个直角边紧靠丁字尺工作边，三角板的垂直边放在左边，由下向上画线，如图1-4（b）所示。

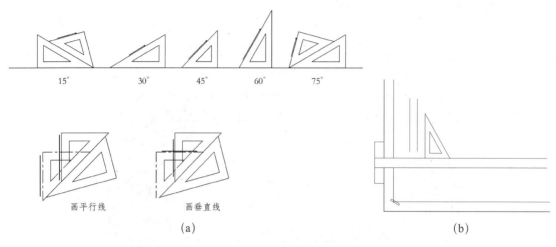

画平行线　　　　　画垂直线

（a）　　　　　　　　　　　　　　　　　（b）

图1-4　丁字尺与三角板组合使用

1.1.2　圆规和分规

1. 圆规

　　圆规主要用来画圆和圆弧。使用时，针尖安装在有台阶的一端，台阶可防止图纸上的针孔扩大而使圆心不准，用右手转动圆规手柄，使圆规略向前进方向倾斜，按顺时针方向旋转绘制，如图1-5所示。

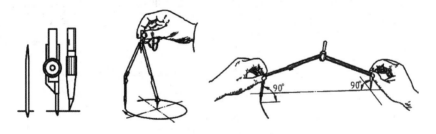

图1-5　圆规使用方法

2. 分规

　　分规是用来截取线段、量取尺寸和等分线段或圆弧线的绘图工具，分规在两脚并拢后，应能对齐。分规可以随意分开或合拢，以调整针尖间的距离。分规可分为普通分规和弹簧分规两种。使用分规时应注意：①量取等分线时，应使两个针尖准确落在线条上，不得错开；②普通的分规应调整到不紧不松、容易控制的工作状态。图1-6所示为分规的使用方法。

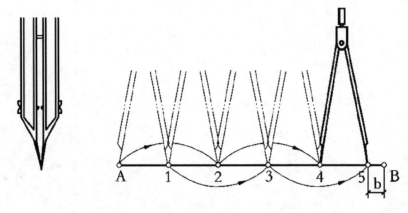

图1-6　分规的使用方法

1.1.3　比例尺

比例尺又叫三棱尺，是用来缩小（或放大）图样的工具，三个尺面一般标有六种比例，分别为 1：100、1：200、1：300、1：400、1：500、1：600，如图 1-7 所示。

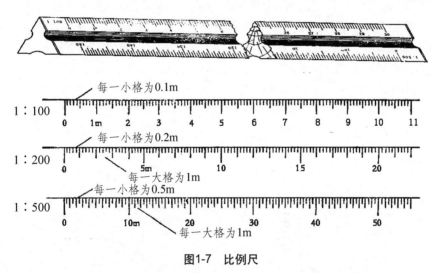

图1-7　比例尺

利用比例尺作图，无须进行比例换算，可大大提高作图速度。使用时，首先要学会识读尺面上不同比例刻度代表的数值。

1.1.4　绘图铅笔和绘图笔

绘图铅笔的铅芯硬度用 B 和 H 标明。B ~ 6B 表示软铅芯，数字越大，铅芯越软；H ~ 6H 表示硬铅芯，数字越大，铅芯越硬；HB 表示中等硬度。一般绘底图时选用 H 或 2H 铅笔，加深图样时，可用 HB、B 或 2B 铅笔。绘图铅笔的削法及使用方法如图 1-8 所示。

绘图笔又叫针管笔，有注水针管笔和一次性针管笔两种，这种笔使用方便，可以提高作图速度和绘图质量。绘图笔的规格有 0.05mm、0.1mm、0.2mm、0.3mm、0.5mm、0.8mm、1.2mm

等，可根据画图线的粗细需求选用，如图1-9所示。

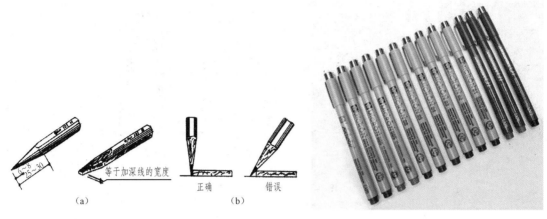

图1-8 绘图铅笔的削法及使用方法   图1-9 绘图笔（针管笔）

1.1.5 曲线板

曲线板主要用来绘制难以用圆规画出的曲线（通称非圆曲线）。曲线板的使用方法如图1-10所示。首先，求得曲线上若干点，再徒手用铅笔过各点轻轻勾画出曲线，然后将曲线板靠上，在曲线板边缘上选择一段至少能经过曲线上三四个点，沿曲线板边缘自点1起画曲线至点3与点4的中间，再移动曲线板，选择一段边缘能过3、4、5、6诸点，自前段接画曲线至点5与点6中间，如此延续下去即可画完整段曲线。

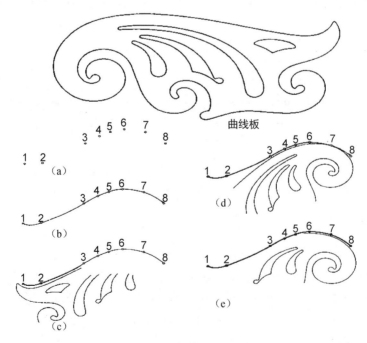

图1-10 曲线板使用方法

1.1.6 硫酸纸

硫酸纸是一种专门用于工程描图及晒版使用的半透明介质，是将纸张经过硫酸特殊制作后得到的一种纸，其表面没有涂层，如图 1-11 所示。它具有纸质纯净、强度高、透明好、不变形、耐晒、耐高温、抗老化等特点。

在工程绘图时，通常用来制作底图，再通过底图晒制蓝图使用。有时也在装订的工程图中做扉页使用，以增加效果。硫酸纸的优势如下。

（1）蓝图是先用硫酸纸绘制的。如果图样有误，半透明的硫酸纸还可以刮改（刮掉描有线条的一层），再晒成新的蓝图。

（2）蓝图的保存时间长，几十年甚至上百年都可以保存下去。

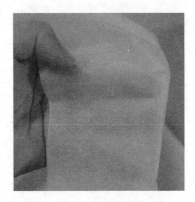

图1-11　硫酸纸

课堂讨论

丁字尺和三角板怎么组合使用？

1.2　图幅、标题栏和会签栏

本节主要介绍图幅、标题栏和会签栏的相关知识。

1.2.1　图幅

图纸幅面指的是图纸的大小，简称图幅。标准的图纸以 A0 号图纸 841mm×1189mm 为幅面基准，通过对折共分为 5 种规格，如图 1-12 所示。

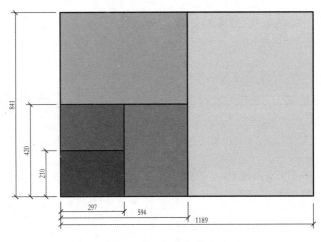

图1-12　图纸规格

图框是在图纸中限定绘图范围的边界线。图纸的幅面、图框尺寸、格式应符合国家制图标准的有关规定，如图 1-13～图 1-15 所示。

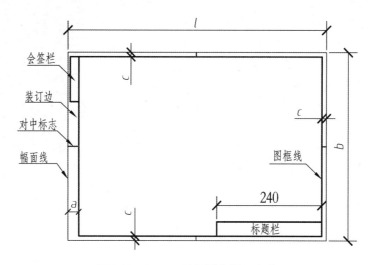

图1-13　A0～A4图纸横向放置方式

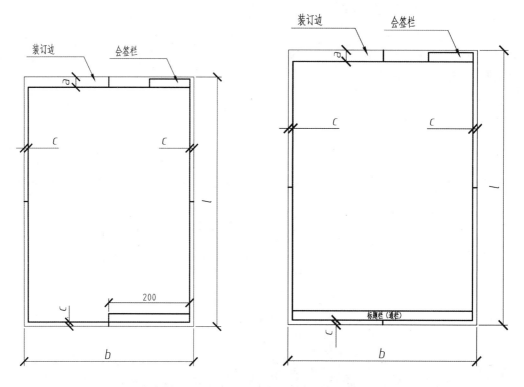

图1-14　A0～A3图纸竖向放置方式　　　图1-15　A4图纸竖向放置方式

b 为图幅短边尺寸，l 为图幅长边尺寸，a 为装订边尺寸，其余三边尺寸为 c。幅面及图框尺寸如表 1-1 所示。

表1-1 幅面及图框尺寸

单位：mm

尺寸代号	幅面代号				
	A0	A1	A2	A3	A4
$b \times l$	841×1189	594×841	420×594	297×420	210×297
c	10			5	
a	25				

　　图纸以短边做垂直边，称作横式图纸；以短边做水平边，称作立式图纸。一般 A0 ~ A3 图纸宜用横式使用，必要时也可立式使用。一张专业图纸不适宜用两种以上的幅面，目录及表格所采用的 A4 幅面不在此限制之列。

图纸加长尺寸与微缩复制

　　(1) 加长尺寸的图纸只允许加长图纸的长边。图纸长边加长尺寸如表1-2所示。

　　(2) 需要微缩复制的图纸，其一个边上应附有一段准确的米制（国际公制）尺寸，四个边上均应附有对中标志。米制尺寸的总长为 100mm，分格应为 10mm。对中标志应画在图纸各边长的中点处，线宽应为 0.35mm，并应伸入内框内，在框外应为 5mm。

表1-2 图纸长边加长尺寸

单位：mm

幅面代号	长边尺寸	长边加长尺寸
A0	1189	1486、1783、2080、2378
A1	841	1051、1261、1471、1682、1892、2102
A2	594	743、891、1041、1189、1338、1486、1635、1783、1932、2080
A3	420	630、841、1051、1261、1471、1682、1892

　　注意：有特殊需要的图纸可以采用 $b \times l$ 为 841mm×891mm 与 1189mm×1261mm 的幅面。

1.2.2 标题栏与会签栏

1. 标题栏

　　图纸的标题栏简称图标，是将工程图的设计单位名称、工程名称、图名、图号、设计号及设计人、绘图人、审批人的签名和日期等，集中罗列的表格，如图 1-16 所示。根据工程需要选择确定尺寸、格式及分区，除 A4 立式左右通栏外，其余标题栏均置于图框右下角，图标中的文字方向为看图方向。签字区应包含实名列和签名列。涉外工程的标题栏内，各项主要内容的中文下方应附有译文，设计单位的上方或左方，应加"中华人民共和国"字样。

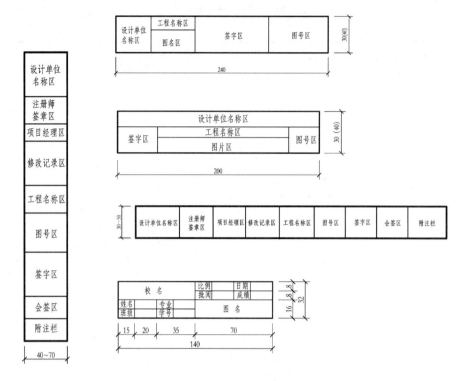

图1-16　标题栏样式

2.会签栏

会签栏是为各工种负责人签字所列的表格，其尺寸应为100mm×20mm，栏内应填写会签人员所代表的专业、姓名（签名）、日期，如图1-17所示。一个会签栏不够时，可另加一个，两个会签栏应并列；不需要会签的图样可不设会签栏。

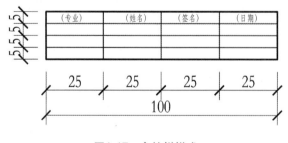

图1-17　会签栏样式

小贴士

GB、GB/T是什么？

工程制图是表达工程设计、指导施工必不可少的依据。正确掌握工程制图国家标准的基本规定尤为重要。

　GB：中华人民共和国国家标准，编号由国家标准的代号、国家标准发布的顺序号和国家标准发布的年号（采用发布年份的后两位数字）构成。强制性国标是保障人体健康、人身财产安全的标准和法律及行政法规规定强制执行的国家标准。国家标准的年限一般为5年，过了年限后，国家标准就要被修订或重新制定。

　GB/T：是指推荐性国家标准，T是推荐的意思。编号由国家标准的代号、国家标准发布的顺序号和国家标准发布的年号（四位数字）构成。推荐性国标是指生产、交换、使用等方面，通过经济手段调节而自愿采用的一类标准，又称自愿标准。例如，《总图制图标准》（GB/T 50103—2010）、《房屋建筑制图统一标准》（GB/T 50001—2017）、《风景园林制图标准》（CJJ/T 67—2015）、《城市规划制图标准》（CJJ/T 97—2003）。

　为了方便学习和工作，应该将国家标准时常带在身边，遇到不解或遗忘时可以随时查阅，保证制图的规范性和正确性。

1.3　比例

　绘制图样时应当按照比例绘制，通过比例能够在图纸上真实地体现物体的实际尺寸。比例的符号为"："，比例应以阿拉伯数字表示，如1：1、1：2、1：100等，比例宜注写在图名的右侧，字的基准线应取平；比例的字高宜比图名的字高小一号或二号。图样的比例针对不同类型有不同的要求，如总平面图的比例一般采用1：500、1：1000、1：2000。图样的比例是指图形与实物相对应的线性尺寸之比，例如1：50，就是实物尺寸是图形尺寸的50倍，图形比实物缩小了；再如5：1，就是实物尺寸是图形尺寸的1/5，图形比实物放大了。比例的注写样式如图1-18所示。

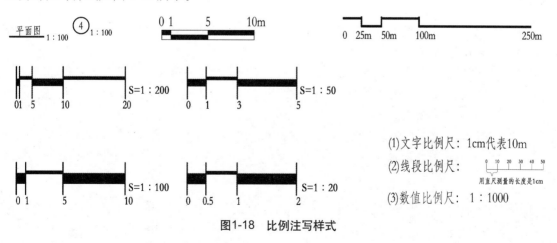

图1-18　比例注写样式

　方案图的比例可以采用比例尺图示法表达，比例尺文字高度为6.4mm（所有图幅），字体均为"简宋"。图纸具体比例如表1-3所示。

表1-3　图纸比例

常用比例	1：1、1：2、1：5、1：10、1：20、1：30、1：50、1：100、1：150、1：200、1：500、1：1000、1：2000
可用比例	1：3、1：4、1：6、1：15、1：25、1：40、1：60、1：80、1：250、1：300、1：400、1：600、1：5000、1：10000、1：20000、1：50000、1：100000、1：200000

小贴士

比例尺

比例尺是表示图上一条线段的长度与相应线段的实际长度之比。

1. 公式

比例尺＝图上距离：实际距离（注意单位间的换算）

图上距离＝实际距离 × 比例尺

实际距离＝图上距离 / 比例尺

2. 表示方式

比例尺有文字比例尺、线段比例尺和数值比例尺三种，如图1-19所示。

(1)文字比例尺：1cm代表10m

(2)线段比例尺：

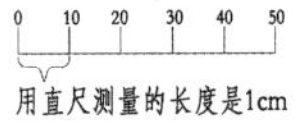

用直尺测量的长度是1cm

(3)数值比例尺：1：1000

图1-19　比例尺三种表示方式

（1）文字比例尺，用文字直接写出地图上1cm代表实际距离多少m，如图上1cm相当于实际距离10m，或1：1000。

（2）线段比例尺，在地图上画一条线段，并注明地图上1cm所代表的实际距离。

（3）数字比例尺，用数字的比例式或分数式表示比例尺的大小。例如，地图上1cm代表实际距离10m，可写成1：1000。

课堂讨论

图纸1：5和1：50哪个实际尺寸大?

1.4　图线

图线是组成图样的基本要素，形状可以是直线或曲线、连续线或不连续线。为了表达工程图样的不同内容，并能够分清主次，须使用线宽和线型不同的图线。

1.4.1 线宽及线型

1. 线宽

《总图制图标准》规定图样的线型有实线、虚线、点画线、双点画线、折断线、波浪线等，其中一些线型还分为粗、中粗、中、细四种；图样的宽度分为四个系列，分别是 b=0.5、b=0.7、b=1.0、b=1.4，中线和细线分别为 b/2 和 b/3，它们分别用于表述不同的内容。

在图样绘制前，应根据复杂程度与比例大小，先确定基本的线宽 b，再选用表中相应的线宽组。如果是微缩的图样，不宜采用 0.18mm 及更细的线宽；同一张图样内，相同比例的各图样应选用相同线宽组，如表 1-4 所示。

表1-4　线宽

线宽比	线宽组			
b	1.4	1.0	0.7	0.5
0.7b	1.0	0.7	0.5	0.35
0.5b	0.7	0.5	0.35	0.25
0.25b	0.35	0.25	0.18	0.13

图样的图框线和标题栏线宽，如表 1-5 所示。

表1-5　图样的图框线和标题栏线宽

幅面代号	图框线	标题栏外框线对中标志	标题栏分格线幅面线
A0、A1	b	0.5b	0.25b
A2、A3、A4	b	0.7b	0.35b

2. 线型

制图时应选用规定的线型，见表 1-6。

表1-6　线型、线宽和用途

名称		线型	线宽	用途
实线	粗	————————————	b	可见轮廓线
	中粗	————————————	0.7b	可见轮廓线、变更云线
	中	————————————	0.5b	可见轮廓线、尺寸线
	细	————————————	0.25b	图例填充线、家具线
虚线	粗	— — — — — —	b	见各有关专业制图标准
	中粗	— — — — — —	0.7b	不可见轮廓线
	中	— — — — — —	0.5b	不可见轮廓线、图例线
	细	— — — — — —	0.25b	图例填充线、家具线

续表

名称		线型	线宽	用途
单点长画线	粗		b	见各有关专业制图标准
	中		0.5b	见各有关专业制图标准
	细		0.25b	中心线、对称线、轴线等
双点长画线	粗		b	见各有关专业制图标准
	中		0.5b	见各有关专业制图标准
	细		0.25b	假想轮廓线、成型前原始轮廓线
折断线	细		0.25b	断开界线
波浪线	细		0.25b	断开界线

（1）实线（见图1-20）。在制图中常会使用几种粗细不同的线型，使图表达得更为清晰。实线通常又可分为粗实线、中粗实线、中实线和细实线四种。

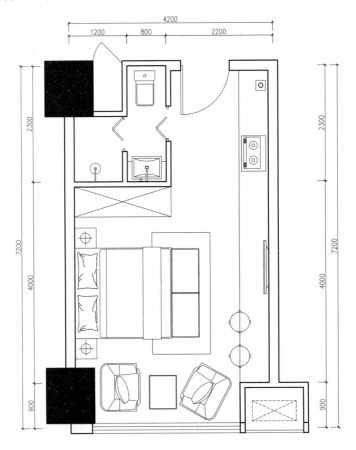

图1-20　实线

① 粗实线：用于表示主要可见轮廓线，即建筑物平、剖面图；建筑或室内立面图、建

筑构配件详图的外轮廓线；建筑构造详图、室内构造详图和节点图被剖切的主要部分的轮廓线；平、立、剖面的剖切符号；新建建筑物 ±0.00 高度可见轮廓线；新建的铁路、管线等。

② 中粗实线：主要用于表示可见轮廓线，即平、剖面图被剖切的次要建筑构造（包括构配件）轮廓线和装饰装修构造的次要轮廓线；建筑平、立、剖面图中建筑构配件的轮廓线；建筑构造详图及建筑构配件详图中的一般轮廓线；房屋建筑室内装饰装修详图中的外轮廓线。

③ 中实线：主要用于小于 0.7b 的图形线、尺寸线、尺寸界线、索引符号、标高符号、详图材料做法引出线、粉刷线、保温层线、地面和墙面的高差分界线等；室内构造详图的一般轮廓线；新建构筑物、道路、桥涵、边坡、围墙、运输设施的可见轮廓线；原有标准轨距铁路的轮廓线。

④ 细实线：主要用于图形和图例填充线、家具线、纹样线等；新建建筑物 ±0.00 高度以上的可见建筑物、构筑物轮廓线；原有建筑物、构筑物、原有窄轨、铁路、道路、桥涵、围墙的可见轮廓线；新建人行道、排水沟、坐标线、尺寸线、等高线。

（2）虚线（见图 1-21）。虚线通常可分为粗虚线、中粗虚线、中虚线和细虚线四种。

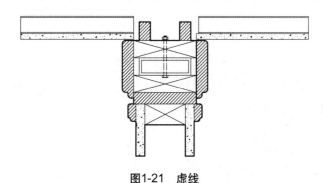

图1-21　虚线

① 粗虚线：一般用于表示新建建筑物、构筑物地下轮廓线。

② 中粗虚线：主要用于不可见的轮廓线，即建筑构造详图、建筑构配件、被遮挡部分的轮廓线；拟建、扩建建筑物轮廓线和室内装饰装修部分轮廓线；建筑平面图中起重机（吊车）的轮廓线；室内被索引图样的范围。

③ 中虚线：主要用于表示投影线、小于 0.5b 的不可见轮廓线；预想放置的房屋建筑或构件；计划预留扩建的建筑物、构筑物、铁路、道路、运输设施、管线、建筑红线及预留用地各线。

④ 细虚线：表示内容与中虚线相同，适合小于 0.5b 的不可见轮廓线；图例填充线、家具线等；原有建筑物、构筑物、管线的地下轮廓线。

（3）点画线（见图 1-22）。点画线包括单点长画线和双点长画线两种。单点长画线包括粗单点长画线、中单点长画线和细单点长画线三种。

① 粗单点长画线：主要用于表示起重机（吊车）轨道线、露天矿开采界线。

② 中单点长画线：主要用于表示运动轨迹线、土方填挖区的零点线。

③ 细单点长画线：表示分水线、中心线、对称线或定位轴线。

双点长画线包括粗双点长画线、中双点长画线和细双点长画线三种。

① 粗双点长画线：表示用地红线。

② 中双点长画线：表示地下开采区塌落界线。

③ 细双点长画线：表示建筑红线。

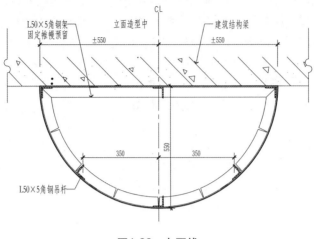

图1-22　点画线

（4）折断线（见图1-23）。折断线表示不需画全的断开界线。

（5）波浪线（见图1-24）。波浪线除作用同折断线外，还表示构造层次的断开界线。

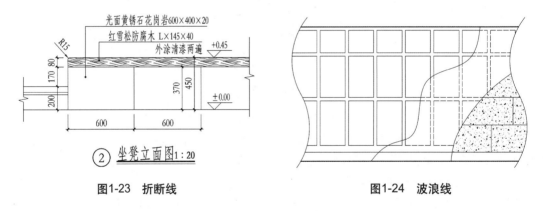

图1-23　折断线　　　　　　　　　　图1-24　波浪线

1.4.2　规定画法

（1）相互平行的图线，其净间隙或线中间隙不宜小于0.2mm，如图1-25所示。

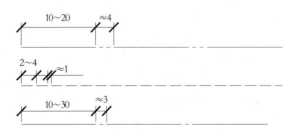

图1-25　平行图线间距

（2）虚线、单点长画线或双点长画线的线段长度和间隔，宜各自相等。

（3）单点长画线或双点长画线的两端不应是点，应是线段。点画线与点画线交接或点画线与其他图线交接时，应是线段交接。

（4）虚线与虚线交接或虚线与其他图线交接时，应是线段交接。特殊情况下，虚线为实线的延长线时，不得与实线连接。

（5）在较小图形中绘制单点长画线或双点长画线有困难时，可用实线代替。

（6）图线不得与文字、数字或符号重叠、混淆，不可避免时，应首先保证文字等的清晰。举例说明规定画法，如图1-26所示。

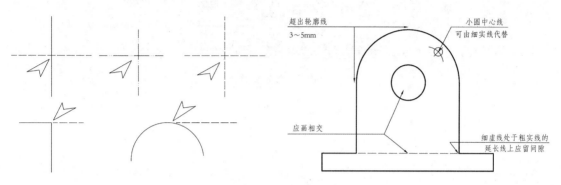

图1-26　规定画法

课堂讨论

实线和虚线的区别是什么？在绘制施工图的时候分别用于哪里？

1.5　字体

在绘制设计图和设计草图时，除了要选用各种线型来绘出物体，还要用最直观的文字把它表达出来，表明其位置、大小以及说明施工技术要求。文字与数字，包括各种符号是工程图的重要组成部分。因此，对于表达清楚的施工图和设计图来说，适合的线条和清晰的注字是必需的。

（1）文字的高度，可选高度有3.5 mm、5 mm、7 mm、10 mm、14 mm、20mm，如表1-7所示。

表1-7　字高和字宽尺寸

单位：mm

字高	20	14	10	7	5	3.5
字宽	14	10	7	5	3.5	2.5

注意：当字母或数字与长仿宋字并列时，宜同时采用直体字，数字和字母应小一号。

（2）图样及说明中的汉字，宜采用长仿宋体，也可以采用其他字体，但要容易辨认。长仿宋体的高度与宽度之比大致为 3：2，并一律从左到右横向书写。汉字样式如图 1-27 所示。

（3）汉字的字高，应不小于 3.5mm，手写汉字的字高一般不小于 5mm。

（4）字母和数字的字高不应小于 2.5mm。与汉字并列书写时其字高可小一至二号。

（5）拉丁字母中的 I、O、Z，为了避免同图纸上的 1、0 和 2 相混淆，不得用于轴线编号。

（6）注写分数、百分数和比例数时，应采用阿拉伯数字和数字符号，例如，四分之一、百分之二十五和一比二十应分别写成 1/4、25% 和 1：20。

横平竖直注意起落
结构匀称笔锋满格

图1-27 汉字样式

课堂讨论

拉丁字母 I、O、Z 为什么不能用于轴线编号？

1.6 尺寸标注

在绘制工程图样时，图形仅表达物体的形状，工程图必须标注完整的尺寸数据并配以相关设计说明，才能作为制作、施工的依据。

1.6.1 尺寸的组成要素

尺寸的组成要素包括尺寸线、尺寸界线、尺寸起止符号、尺寸数字四部分，如图 1-28 所示。

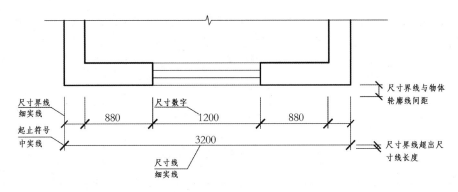

图1-28 尺寸的组成

1. 尺寸线

尺寸线应用细实线绘制，一般应与被注长度平行，两端宜以尺寸界线为边界，也可超出尺寸界线2～3mm。图样本身的任何图线不得用作尺寸线。

2. 尺寸界线

尺寸界线也用细实线绘制，与被注长度垂直，其一端应离开图样轮廓线不小于2mm，另一端宜超出尺寸线2～3mm。必要时图样轮廓线可用作尺寸界线。

3. 尺寸起止符号

尺寸起止符号一般用中实线绘制，其倾斜方向应与尺寸界线成顺时针45°角，长度宜为2～3mm。半径、直径、角度与弧长的尺寸起止符号，宜用箭头表示。

4. 尺寸数字

图样上的尺寸应以尺寸数字为准，不得从图上直接量取。尺寸数字与尺寸线的间距约2mm。图样上的尺寸单位，除标高及总平面图以米（m）为单位外，其余均必须以毫米（mm）为单位，不标注尺寸单位。

1.6.2 尺寸数字的注写方向

尺寸数字宜注写在尺寸线上方的中部，如果相邻的尺寸数字注写位置不够大，可错开或引出注写。竖直方向的尺寸数字，应由下往上注写在尺寸线的左方中部，如图1-29所示。

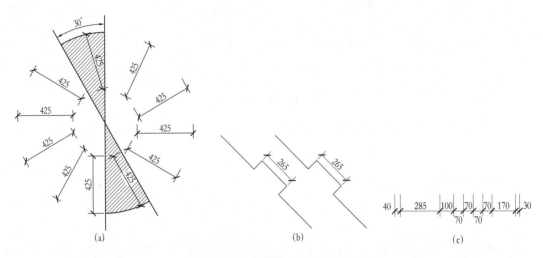

图1-29 尺寸数字的注写方向

1.6.3 尺寸排列与布置的基本规定

（1）尺寸宜标注在图样轮廓线以外，不宜与图线、文字及符号等相交，如图1-30所示。

（2）互相平行的尺寸线的排列，应从被注写的图样轮廓线由近向远整齐排列，较小尺寸应离轮廓线较近，较大尺寸应离轮廓线较远。

（3）第一层尺寸线距图样最外轮廓线之间的距离不宜小于10mm。平行排列的尺寸线的间距，宜为7~10mm，并应保持一致。尺寸排列如图1-31所示。

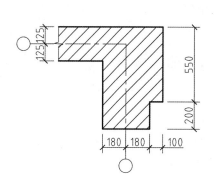
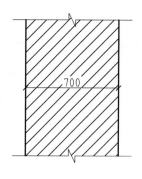

图1-30　尺寸标注

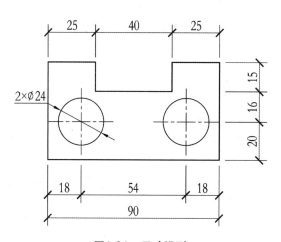

图1-31　尺寸排列

（4）总尺寸的尺寸界线应靠近所指部位，中间的分尺寸的尺寸界线可稍短，但其长度应相等。

1.6.4　半径标注、直径标注、球标注

1．半径标注

标注半径时，应一端从圆心开始，另一端画箭头指向圆弧。半径数字前应加注半径符号"R"，如图 1-32 所示。

2．直径标注

直径数字前应加注符号"Ø"，在圆内标注的直径尺寸线应通过圆心，较小圆的直径可以标注在圆外，如图 1-33 所示。

3．球标注

标注球的半径尺寸时，应在尺寸数字前加注符号"SR"。标注球的直径尺寸时，应在尺寸数字前加注符号"SØ"，如图 1-34 所示。

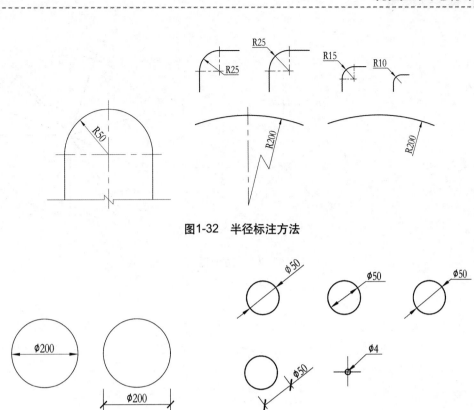

图1-32　半径标注方法

图1-33　直径标注方法

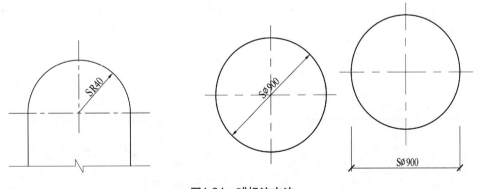

图1-34　球标注方法

1.6.5　角度标注、弧长标注、弦长标注

1. 角度标注

应用圆弧线进行角度尺寸的标注。该圆弧的圆心应是该角的顶点，角的两个边为尺寸界线，角度的起止符号应以箭头表示，角度数字应按水平方向注写，如图 1-35 所示。

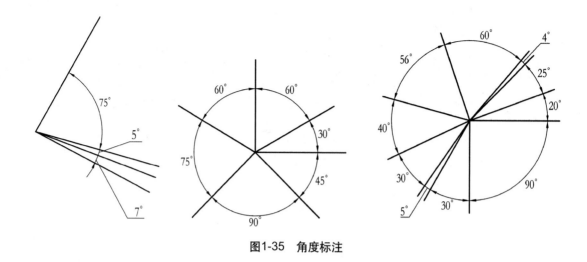

图1-35　角度标注

2. 弧长标注

标注圆弧的弧长尺寸时，尺寸线应以与该圆弧同心的圆弧线表示，尺寸界线应垂直于该圆弧的弦，起止符号应以箭头表示，弧长数字的上方应加注圆弧符号。弧长标注方法如图1-36所示。

3. 弦长标注

标注圆弧的弦长时，尺寸线应以平行于该弦的直线表示，尺寸界线应垂直于该弦，起止符号用中实斜短线表示。弦长标注方法如图1-37所示。

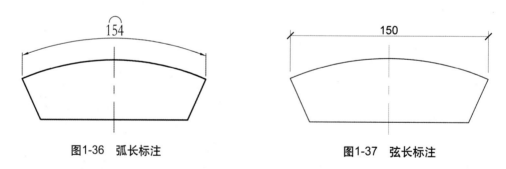

图1-36　弧长标注　　　　　　　　图1-37　弦长标注

1.6.6　薄板厚度、正方形、坡度、曲线等尺寸标注

1. 薄板厚度标注

在薄板板面标注板厚尺寸时，应在厚度数字前加注厚度符号t。薄板厚度标注方法如图1-38所示。

2. 正方形标注

标注正方形的尺寸，可用"边长×边长"的形式，也可在边长数字前加注正方形符号。正方形标注方法如图1-39所示。

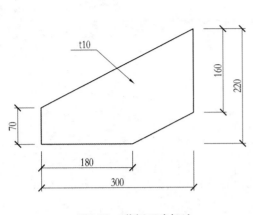

图1-38 薄板厚度标注

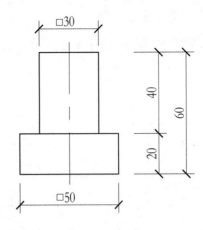

图1-39 正方形标注

3. 坡度标注

坡度（见图 1-40）是地表单元陡缓的程度，通常把坡面的垂直高度和水平距离的比叫作坡度。标注坡度时应加注坡度符号，箭头应指向下坡方向。坡度也可用直角三角形的形式标注，如图 1-41 所示。

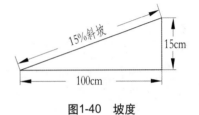

图1-40 坡度

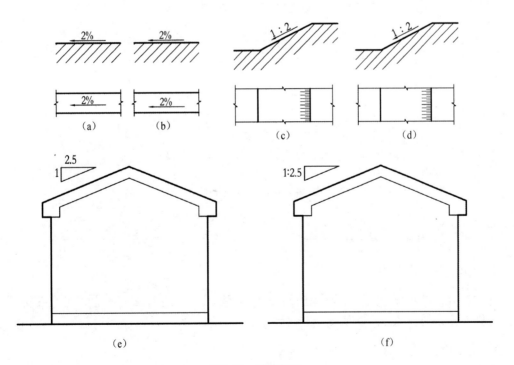

图1-41 坡度标注

4. 非圆曲线标注

外形为非圆曲线的构件，可用坐标形式标注尺寸，如图1-42所示。

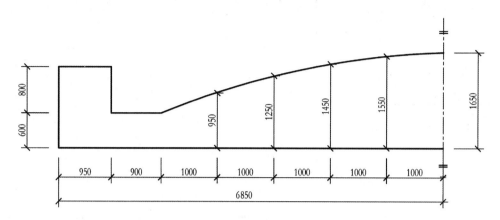

图1-42　非圆曲线标注

5. 复杂曲线图形标注

复杂的图形，可用网格形式标注尺寸，如图1-43所示。

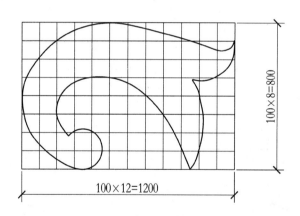

图1-43　复杂曲线图形标注

1.6.7　尺寸的简化标注

1. 单线图尺寸标注

杆件或管线的长度，在单线图（桁架简图、钢筋简图、管线简图）上，可直接将尺寸数字沿杆件或管线的一侧注写，如图1-44所示。

2. 等长尺寸简化标注

连续排列的等长尺寸，可用"等长尺寸 × 个数 = 总长"或"总长"（等分个数）的形式标注，如图1-45所示。

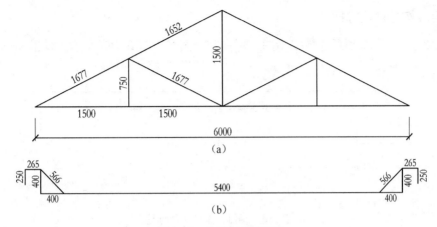

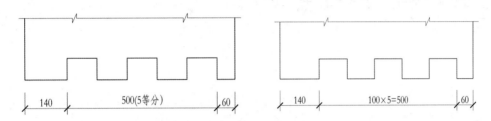

图1-44 单线图尺寸标注

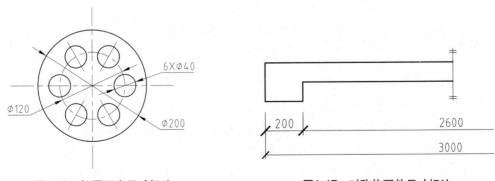

图1-45 等长尺寸简化标注

3. 相同要素尺寸标注

构配件内的构造要素（如孔、槽等）如相同，可仅标注其中一个要素的尺寸，如图1-46所示。

4. 对称构配件尺寸标注

对称构配件采用对称省略画法时，该对称构配件的尺寸线应略超过对称符号，仅在尺寸线的一端画尺寸起止符号，尺寸数字应按整体全尺寸注写，其注写位置宜与对称符号对齐，如图1-47所示。

图1-46 相同要素尺寸标注   图1-47 对称构配件尺寸标注

5. 相似构配件尺寸标注

两个构配件如果个别尺寸数字不同，可在同一图样中将其中一个构配件的不同尺寸数字注写在括号内（见图1-48），该构配件的名称也应注写在相应的括号内。

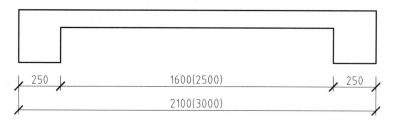

图1-48 相似构配件尺寸标注

6. 相似构配件尺寸表格式标注

数个构配件中如果仅是某些尺寸不同，这些有变化的尺寸数字，可用拉丁字母注写在同一图样中，另列表格写明其具体尺寸，如图1-49所示。

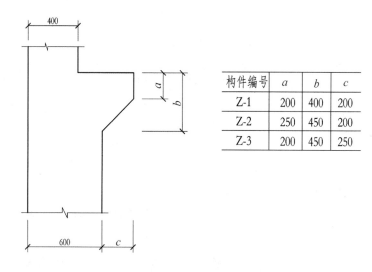

构件编号	a	b	c
Z-1	200	400	200
Z-2	250	450	200
Z-3	200	450	250

图1-49 相似构配件尺寸表格式标注

1.6.8 标高

1. 标高的类型

标高表示建筑物各部分的高度，是建筑物某一部位相对于基准面（标高的零点）的竖向高度，是竖向定位的依据。按基准面选取的不同可将标高分为绝对标高和相对标高两类。

绝对标高：以一个国家或地区统一规定的基准面作为零点的标高。我国规定以青岛附近黄海夏季的平均海平面作为标高的零点，所计算的标高称为绝对标高。

相对标高：以建筑物室内首层主要地面高度为零作为标高的起点，所计算的标高称为相对标高。

2. 标高标注的注意事项

（1）总平面图室外地坪标高符号宜用涂黑的等腰直角三角形表示，如图1-50所示。

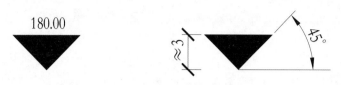

图1-50　总平面图室外地坪标高符号

（2）室内及工程形体的标高，标高符号应以等腰直角三角形表示，用细实线绘制，一般以室内一层地坪高度为标高的相对零点。低于零点标高的为负标高，标高数字前面要标上负号，高于零点标高的为正标高，标高数字前不加任何符号。

（3）楼地面、地下层地面、楼梯、阳台、平台、台阶等处的高度尺寸及标高，在建筑平面图及其详图上，应标注完成面标高；在建筑立面图及其详图上，应标注完成面的标高及高度方向的尺寸。标高符号如图1-51所示。

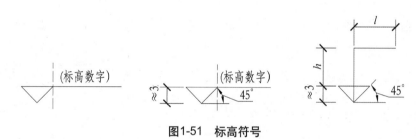

图1-51　标高符号

（4）标高符号的尖端应指向被注高度位置。尖端一般向下，也可向上，标高数字应注写在标高符号的上侧或下侧；在同一位置需表示几个不同标高时，标高数字可按照图1-52所示的形式注写。

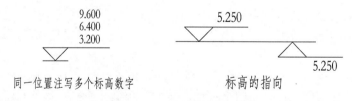

同一位置注写多个标高数字　　　　　标高的指向

图1-52　标高符号注写形式

（5）标高数字以米（m）为单位时，注写到小数点后三位。在总平面图中，可注写到小数点后两位。

（6）零点标高一般注写为 ±0.000，正数标高不加写"+"，负数标高加写"–"。

课堂讨论

室内标高符号与室外地坪标高符号的区别是什么？

1.6.9 尺寸标注的深度设置

在不同阶段用不同比例绘制工程图样时,需对尺寸标注的详细程度做出不同要求。这里我们主要依据建筑制图标准中的"三道尺寸"进行标注,主要包括外墙门窗洞口尺寸、轴线间尺寸、建筑外包总尺寸。

(1)尺寸标注的深度设置在底层平面中是必需的,当平面形状较复杂时,还应当增加分段尺寸。

(2)在其他各层平面中,外包总尺寸可省略或标注轴线间总尺寸。

(3)无论在何层标注,均应注意以下三点。

① 门窗洞口尺寸与轴线间尺寸要分别在两行上各自标注,宁可留空也不可混注在同一行上。

② 门窗洞口尺寸不要与其他实体的尺寸混行标注。例如,墙厚、雨篷宽度、踏步宽度等应在就近实体上另行标注。

③ 当上下或左右两道外墙的开间及洞口尺寸相同时,只标注上或下(左或右)一面的尺寸及轴线号即可。

课堂讨论

1.三道尺寸标注指的是哪三道?

2.圆的直径和半径标注方法有什么不同?

1.7 制图符号及图线

本节主要介绍制图符号的相关知识,包括剖切符号、索引符号、详图符号、图标符号、定位轴线和引出线。

1.7.1 剖切符号

为了反映房屋或工程物体的全貌,需要用假想的平行于房屋某一处外墙轴线的铅垂线从上到下将工程物体剖开,将需要留下的部分向与剖切平面平行的投影面做正投影,因此得到的图叫作剖面图。

在标注剖切符号时,同时标注编号,剖面图的名称用其编号来命名。一般剖切位置应根据图样的用途和设计深度,在平面图上选择能反映工程物体全貌、构造特征以及有代表性的部位剖切。剖视图的剖切方向由平面图中的剖切符号来表示,剖切符号有国际通用和常用两种表示方法。

1. 采用国际通用方法表示

采用国际通用方法表示时,剖面及断面的剖切符号应符合下列规定。

(1)剖面剖切索引符号应由直径 8 ~ 10mm 的圆和水平直径以及两条相互垂直且外切圆的线段组成,水平直径上方应为索引编号,下方应为图样编号,线段与圆之间应填充黑色并形成箭头表示剖视方向,索引符号应位于剖线线两端;断面及剖视详图剖切符号的索引符号应位于平面图外侧一段，另一段为剖视方向线，长度宜为 7～9mm，宽度为 2mm。国际通用剖视剖切符号，如图 1-53 所示。

（2）剖切线与符号线线宽应为 0.25b。

（3）需要转折的剖切位置线应连续绘制。

（4）剖号的编号宜由左至右、由下向上连续编排。

2. 采用常用方法表示

采用常用方法表示时，应符合下列规定。

（1）剖视的剖切符号应由剖切位置线和剖视方向线组成，用粗实线绘制，剖切位置线长为 6～10mm，方向线长为 4～6mm。绘制时，剖视剖切符号不应与其他图线接触。

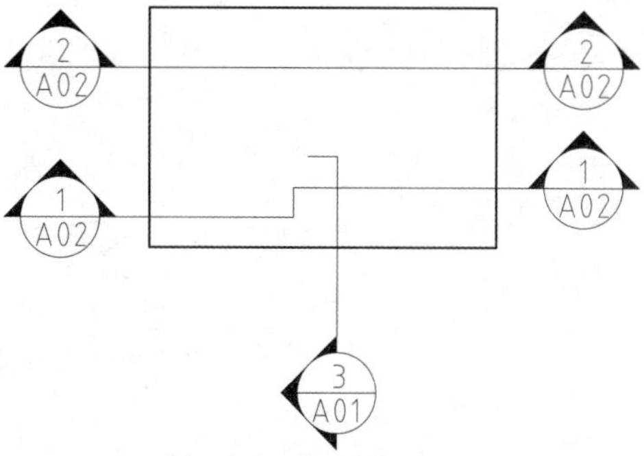

图1-53　国际通用剖视剖切符号

（2）剖视剖切符号的编号宜采用粗阿拉伯数字，按剖切顺序由左至右、由下向上连续编排，并应注写在剖切方向线的端部。常用剖视剖切符号，如图 1-54 所示。

（3）需要转折的剖切位置线，应在转角的外侧加注与该符号相同的编号。

（4）建（构）筑物剖面图的剖切符号宜标注在 ±0.000 标高的平面图或者首层平面图上。

（5）需要转折的剖切位置线，应在转角的外侧加注与该符号相同的编号。

（6）断面的剖切符号应仅用剖切位置线表示，其编号应注写在剖切位置线的一侧；编号所在的一侧应为该断面的剖视方向，其余同剖面的剖切符号。断面的剖切符号，如图 1-55 所示。

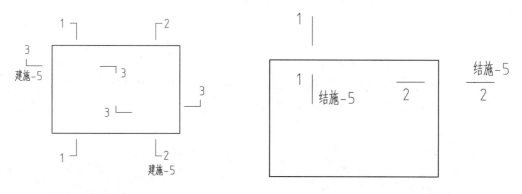

图1-54　常用剖视剖切符号　　　　　图1-55　断面的剖切符号

（7）当与被剖切样图不在同一张图内时，应在剖切位置线的另一侧注明其所在图样编号，也可在图上集中说明。

（8）索引剖视详图时，应在被剖切的部位绘制剖切位置线，并以引出线引出索引符号，引出线所在的一侧应为剖视方向。用于索引剖视详图的索引符号，如图 1-56 所示。

在平面图中标注好剖面符号后，要在绘制剖面图下方标明相对应的剖面图名称。

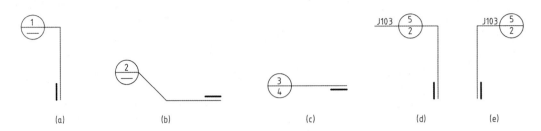

图1-56　用于索引剖视详图的索引符号

1.7.2　索引符号与详图符号

1．索引符号

建筑的平面图、立面图、剖面图是房屋建筑施工的主要图样，由于采用的画图比例较小，对于很多细部和构配件的构造、尺寸、做法及施工要求等无法表示清楚，因此为了满足施工的需要，常将这些在平面图、立面图、剖面图上表示不出的地方用较大比例绘制出图样，这些图样称为建筑详图,简称详图。详图可以是平面图、立面图、剖面图中的某一局部放大图（大样图），也可以是某一断面、某一建筑的节点图。

图样中的某一局部或构件，如需另见详图，应以索引符号索引。

索引符号应由直径为 8 ~ 10mm 的圆和水平直径线组成，圆及水平直径线的线宽宜为0.25b。索引符号的应用要符合下列规定。

（1）索引的详图与被索引的详图同在一张图纸内，应在索引符号的上半圆内用阿拉伯数字注明该详图的编号，并在下半圆中间画一段水平细实线。

（2）索引的详图与被索引的详图不在同一张图纸内，应在索引符号的上半圆中用阿拉伯数字注明该详图的编号，并在下半圆中用阿拉伯数字注明该详图所在图样的编号。数字较多时可加文字标注。

（3）索引的详图采用标准图时，应在索引符号水平直径的延长线上加注该标准图册的编号。需要标注比例时，应在文字的索引符号右侧或延长线下方，与符号下对齐。

几种常用的索引符号形式，如图 1-57 所示。

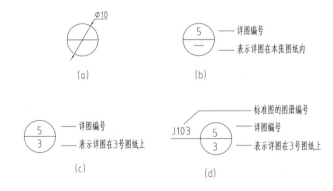

图1-57　几种常用的索引符号形式

（4）在使用索引符号时，针对不同的工程图样还会延伸出不同的形式，如在室内装饰施工图中经常会用到由细实线的引出圈和索引符号构成的形式。大样索引符号如图1-58所示。

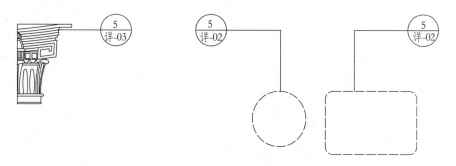

图1-58　大样索引符号

（5）索引符号如用于索引剖视详图时，应在被剖切的部位绘制剖切位置线，并以引出线引出索引符号，引出线所在的一侧应为投射方向（见图1-56）。

（6）零件、钢筋、杆件及消防栓、配电箱、管井等设备的编号，以直径为 4 ~ 6mm 的圆表示，圆线宽为 0.25b，同一图样应保持一致，其编号应用阿拉伯数字按顺序编写。零件、钢筋等设备的编号，如图 1-59 所示。

图1-59　零件、钢筋等设备的编号

2. 立面索引符号

立面索引符号用来表示室内立面在平面上的位置及立面图所在图纸编号。立面索引符号应选用细实线绘制圆圈、水平直径线，圆圈直径为 8 ~ 12mm；以三角形为投影方向，且三角形箭头方向应与投射方向一致。通常在立面索引符号的上半圆内用字母表示立面编号，下半圆表示图纸所在位置。立面索引符号及在室内的应用，如图 1-60 所示。

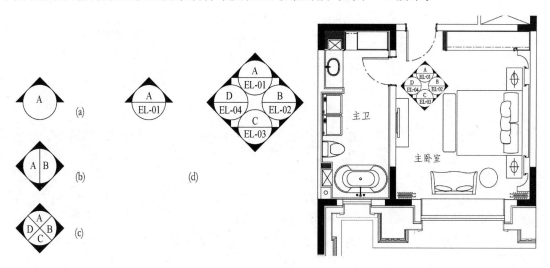

图1-60　立面索引符号及在室内的应用

3. 详图符号

详图的位置和编号应以详图符号表示。详图符号的圆直径为 14mm，线宽为 b。详图应按下列规定编号。

(1) 详图与被索引的图样在同一张图纸内时，应在详图符号内用阿拉伯数字注明详图的编号。

(2) 详图与被索引的图样不在同一张图纸内时，应用细实线在详图符号内画一水平直径线，在上半圆中注明详图编号，在下半圆中注明被索引的图纸的编号。详图符号，如图 1-61 所示。

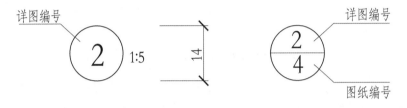

图1-61　详图符号

1.7.3　图标符号

(1) 一般的图标符号由圆、水平直径线、图名和比例组成。

(2) 对无法使用索引符号的图样，在其下方以简单图标符号的形式表达图样的内容。简单图标符号由两条长短相同的平行直线、图名及比例共同组成。简单图标符号上面的水平线为粗实线，下面的水平线为细实线。图标符号，如图 1-62 所示。

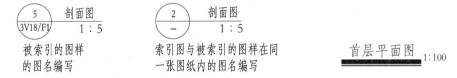

图1-62　图标符号

1.7.4　定位轴线

确定房屋中的墙、柱、梁和屋架等主要承重构件位置的基准线，叫定位轴线。它是结构计算、施工放线、测量定位的依据。

在施工图中定位轴线的标注要符合下列规定。

(1) 定位轴线编号应用 0.25b 线宽的单点长画线绘制。定位轴线应编号，编号应注写在轴线端部的圆内。圆应用 0.25b 线宽的实线绘制，直径为 8～10mm。

(2) 除了复杂图样需要采用分区编号或者圆形、折线形外，平面图上定位轴线的编号宜标注在平面图的下方与左侧，或在图样的四面标注。

(3) 编号顺序应从左至右用阿拉伯数字编写，从下至上用大写英文字母编写，其中 I、O、

Z 不得用作轴线编号，以免与数字 1、0、2 混淆。如字母数量不够，可增用双字母或单字母加数字注脚。定位轴线的标注，如图 1-63 所示。

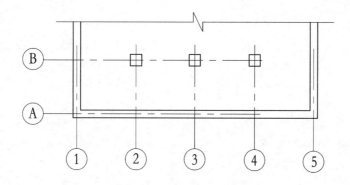

图1-63　定位轴线的标注

　　（4）较复杂的组合平面图中定位轴线也可采用分区编号（见图 1-64），编号的注写形式应为"分区号—该分区定位轴线编号"。分区号采用阿拉伯数字或大写英文字母表示；多子项的平面图中定位轴线可采用子项编号，编号的注写形式为"子项号—该子项定位轴线编号"，子项号采用阿拉伯数字或大写英文字母表示，如"1-1""1-A"或"A-1""A-2"。当采用分区编号或子项编号，且同一根轴线有不止 1 个编号时，相应编号应同时注明。

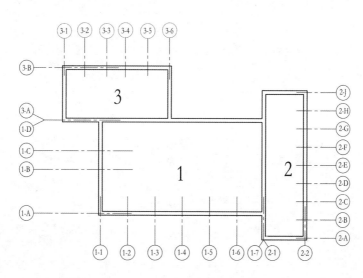

图1-64　分区编号

　　（5）若房屋平面形状为折线，定位轴线也可以自左到右、自下向上依次编写。折线形平面定位轴线的画法，如图 1-65 所示。

　　（6）圆形平面图中定位轴线的编号，其径向轴线应以角度进行定位，其编号宜用阿拉伯数字表示，从左下角开始或 −90°（若径向轴线很密，角度间隔很小）开始，按逆时针顺序编写；其环向轴线宜用大写英文字母表示，从外向内顺序编写。圆形平面定位轴线的画法，如图 1-66 所示。

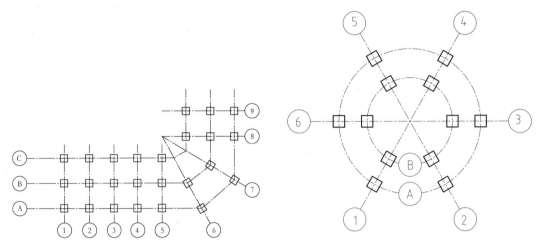

图1-65　折线形平面定位轴线的画法　　　　图1-66　圆形平面定位轴线的画法

（7）某些非承重构件和次要的局部承重构件等，其定位轴线一般作为附加轴线（见图1-67）。附加轴线的编号用分数形式表示，两根轴线之间的附加轴线，以分母表示前一根轴线的编号，分子表示附加轴线的编号，编号宜按数字顺序编写。1号轴线或A号轴线前附加的轴线，应以"01"或"0A"表示。

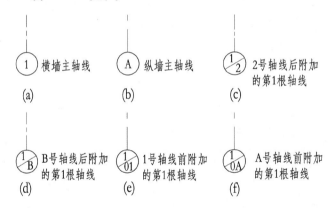

图1-67　附加轴线

（8）一个详图适用于多根轴线时，应同时注明各有关轴线的编号。详图的轴线编号，如图1-68所示。

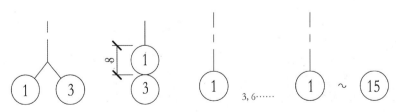

图1-68　详图的轴线编号

1.7.5 引出线

引出线线宽应为 0.25b，宜采用水平方向的直线或与水平方向呈 30°、45°、60°、90° 的直线，并经上述角度再折为水平线。文字说明宜注写在水平线的上方，也可写在水平线端部。索引详图的引出线，应与水平直径线相连接。同时引出几个相同部分的引出线，宜互相平行，也可以画成集中于一点的放射线。引出线如图 1-69 所示。

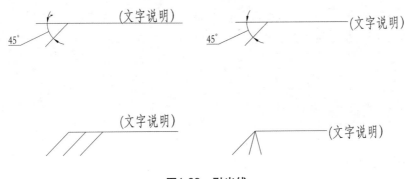

图1-69 引出线

多层构造或多层管道共用的引出线，应通过被引出的各层，并用圆点示意对应各层次。文字说明宜注写在水平线的上方，或注写在水平线的端部，说明的顺序应由上至下，并应与被说明的层次对应；如层次为横向排序，则由上至下的说明顺序应与由左至右的层次对应。多层引出线如图 1-70 所示。

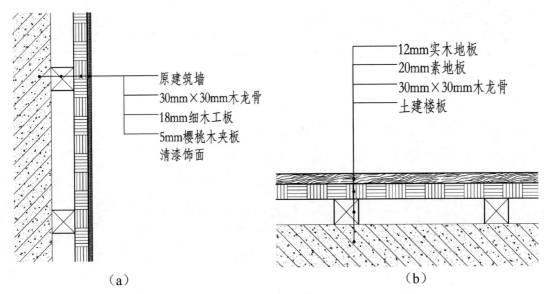

（a）　　　　　　　　　　　　　　　　　（b）

图1-70 多层引出线

课堂讨论

1. 大样图和节点图有什么区别?

2. 索引符号和详图符号有什么区别？

3. 什么是剖面图？

熟练使用制图工具、熟记绘制标准的图样是本章内容的重要部分，而掌握一定的手工绘图基础是清晰表达绘图思路的必要途径。

1. 环境设计的图样有哪些内容？

2. 图纸图幅都有哪几种？

3. 详图符号有哪几种类型？

4. 熟记表1-6所示图线的使用方法。

为图1-71中的图形添加尺寸标注。从左边顺时针开始，尺寸依次是30mm、30mm、30mm、10mm、30mm、20mm、90mm。

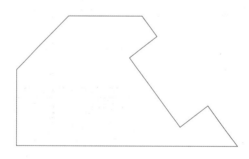

图1-71　没有尺寸标注的图形

第2章

投影与视图

学习要点及目标

掌握三视图、剖面图、断面图的概念及简单画法。

本章导读

环境设计工程图样是根据投影原理形成的，绘图的方法是投影法，所以绘制工程图样必须先了解投影的规律和原理。

2.1 投影

本节主要介绍投影的基础知识，包括投影的概念、分类以及环境设计工程常用的投影方法。

2.1.1 投影的概念和形成

当我们将具有长、宽、高的三维立体空间形体，表达在只有长、宽的二维平面图纸上时，可以使用投影的方法。用一组光线将物体的形状投射到一个平面上，称为"投影"。在该平面上得到的图像，也称为"投影"。其中，光源称为投影中心，光线称为投影线，空间物体称为形体，平面称为投影面。投影的形成，如图2-1所示。

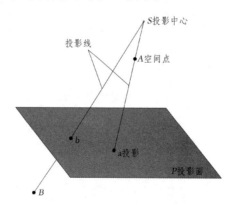

图2-1　投影的形成

2.1.2 投影的分类

根据投影线之间的关系可分为中心投影法和平行投影法两种。

1. 中心投影法

所有的投影线都交于投影中心的投影方法称为中心投影法（见图2-2）。设S点为一白炽灯的发光点，自 S 点发出无数光线，经三角板三个顶点 A、B、C 形成三条投影线，将其延长，与投影面 H 相交得三个点 a、b、c，三角形 abc 为三角板的投影。

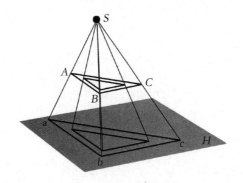

图2-2 中心投影法

中心投影法的特点如下。

（1）如果平行移动物体，即改变物体与投影中心或投影面之间的距离、位置，其投影的大小也会改变，中心投影法不能反映出物体的真实形状和大小。

（2）在投影中心确定的情况下，空间的一个点在投影面上只存在唯一一个投影。

2. 平行投影法

所有的投影线相互平行的投影方法称为平行投影法，比如，太阳离地球比较远，所照射出的光线可作为平行光线，所得投影就是平行投影。根据投影线与投影面是否垂直，分为正投影和斜投影。

正投影法是指投影线彼此平行且垂直于投影面的投影方法（见图2-3）。正投影法绘图简便，度量性好，是所有工程图样的主要图示方法。仅凭一个正投影，尚不能确切、完整地表达出一个物体的形状。因此，在用正投影表达物体的形状和解决空间几何问题时，通常需要两个或两个以上的投影。

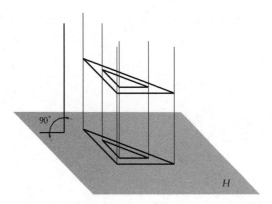

图2-3 正投影法

斜投影法是指相互平行的投影线倾斜于投影面的投影法，如图 2-4 所示。

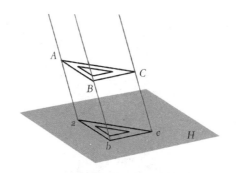

图2-4　斜投影法

2.1.3　环境工程常用的投影方法

环境工程常用的投影方法主要有正投影法、轴测投影法、透视投影法和标高投影法等。

1. 正投影法

正投影法是运用平行正投影原理绘制图样的方法，所绘制的图样称为正投影图。正投影图把物体向两个或两个以上互相垂直的投影面上进行投射，再按一定的规律将其展开到一个平面上。这种图样能真实、准确地反映物体的形状和大小，绘图方便，度量性好，但立体感差，识图难。正投影主要用于工程上，是最主要的图样。

2. 轴测投影法

轴测投影法是运用平行投影原理，向单一投影面进行物体投射的绘图方法，所绘制的图样称为轴测图。轴测图图样立体感强，可度量，但复杂的形体难以表达。在环境设计中，轴测图主要用于家具设计、室内布置设计等方面，也常用于辅助说明某些节点的具体结构。

3. 透视投影法

透视投影法是运用中心投影原理绘制图样的方法，所绘制的图样称为透视图。这种图样形象逼真，立体感强，符合人的视觉习惯，但绘图复杂，度量性差，不能作为施工的依据。在室内设计中主要用于设计方案的效果表达，能让人们感受设计的意境和效果。在本书中不做具体讲解。

4. 标高投影法

标高投影法是运用平行正投影原理绘制，并标注高度数值的图示方法，所绘制的图称为标高投影图。标高投影图图样绘图简单，但立体感差，主要用于表达地面起伏变化状况、不规则曲面、地图等，是绘制地形图等高线的主要方法。标高投影法在室内设计中很少使用，主要用于绘制景观图样。

课堂讨论

中心投影法和平行投影法有什么区别？

2.2 三视图

本节主要介绍三视图的形成和绘制。

2.2.1 三视图的形成

将人的视线规定为平行投影线，然后正对着物体看过去，将所见物体的轮廓用正投影法绘制出来的图形称为视图。用正投影法绘制物体视图时，是将物体放在绘图者和投影面之间，以观察者的视线作为互相平行的投影线，将观察到的物体形状画在投影面上。

实际上物体的一个投影往往不能唯一地确定物体的形状。如图 2-5 所示，几个形状不同的物体在同一个投影面上的投影是相同的，因此，物体的一个视图不能反映出其真实形态，需要有其他方向的投影，才能清楚、完整地反映出物体的全貌。因此，通常将物体向两个或两个以上互相垂直的投影面进行正投影。

当物体在互相垂直的两个或多个投影面得到正投影后，将这些投影面旋转展开到同一图面上，使该物体的各正投影图有规则地配置，并相互之间形成对应关系。

用正投影图表达物体形状时，假想把物体放在一个由投影平面组成的投影空间内，这个投影空间称为投影面体系。可以是由两个投影平面组成的两面投影体系，也可以是由三个投影平面组成的三面投影体系，如图 2-6 所示，原来的投影面 H，称为水平投影面，简称水平面；增设 V 面，称为正立投影面，简称正面；增设垂直于 H、V 两个面的 W 面，称为侧立面投影面，简称侧面。

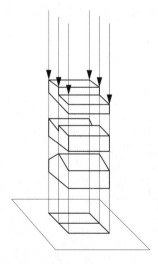

图2-5　不同物体的投影效果

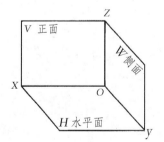

图2-6　三个方向投影面体系

2.2.2 三视图的绘制

在实际工作中，为了合理利用图纸，当在同一张图纸上绘制六面视图或仅画其中某几面视图时，视图的顺序可按图 2-7 所示的主次关系从左至右依次排列。

工程上有时也称六个基本视图为主视图（正视图）、俯视图、左视图（侧视图）、右视图、仰视图、后视图。

三视图就是主视图（正视图）、俯视图、左视图（侧视图）的总称。如图 2-8 所示，主视图又称作正立面图，是在 V 面上得到的投影图，由前向后投影；俯视图又称作平面图，是在水平面 H 上得到的投影图，由上向下投影；左视图又称作侧立面图，是在 W 面上得到的投影图，由左向右投影。

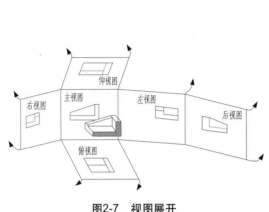

图2-7　视图展开

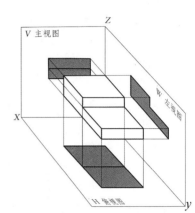

图2-8　三视图的形成

从图 2-9 可以看出，正面投影反映物体的长和高，水平投影反映物体的长和宽，侧面投影反映物体的宽和高。显然，正面投影和水平投影反映的长是相等的。依此类推投影之间存在长相等、宽相等、高相等的关系，称为投影间的"三等"关系。为保证三个相等，画图时要做到：长对正、高平齐、宽相等。三面投影作图时，要保证"宽相等"，利用 45° 斜线完成作图。

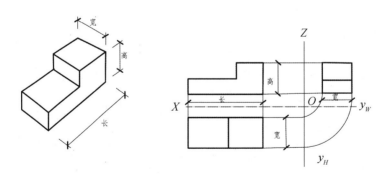

图2-9　三视图的尺寸关系

在环境设计制图中，仅用三视图有时候难以将复杂物体的外部形状和内部结构同时表达清楚，所以需要借助其他的表达方法，绘图时可以根据具体情况选用。

课堂讨论

绘制三视图的要求是什么?

2.3 剖面图

在工程图中,形体上可见的轮廓线用实线表示,不可见的轮廓线用虚线表示。但当形体的内部结构比较复杂时,投影图就会出现很多虚线,给画图、读图和标注尺寸带来不便,容易产生差错。为解决以上问题,常选用剖面图来表达。

在图 2-10 所示的楼梯段三视图中,其内部结构被外形挡住,因此在三视图中只能用虚线表示。

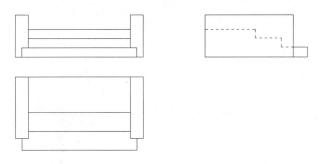

图2-10　楼梯段三视图

为了将其用实线表示出来,现假想用一个正平面沿基础的对称面将其剖开(见图 2-11),然后移走观察者与剖切平面之间的那一部分形体,将剩余部分的形体向正立面投射,所得到的投影图称为剖面图,如图 2-12 所示。用来剖开形体的平面称为剖切平面。

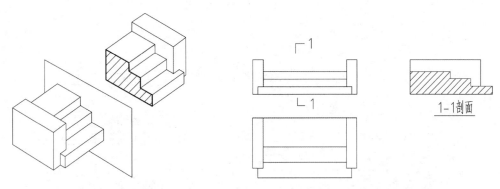

图2-11　台阶假想剖开面　　　　图2-12　台阶剖面图

根据不同的剖切方式,剖面图分为全剖面图、半剖面图、阶梯剖面图、局部剖面图。

1. 全剖面图

假想用一个平面将形体全部剖开,然后画出剖面图,此图称为全剖面图。全剖面图一般用于不对称，或虽对称但外形简单、内部比较复杂的形体。

2. 半剖面图

如果形体对称，在垂直于对称平面的投影面上的投影，以对称线为分界，一半画成剖面图，另一半画成视图，这种组合的投影图称为半剖面图。这样既可以节省投影图的数量，又可以表达形体的外形和内部结构，如图 2-13 所示。

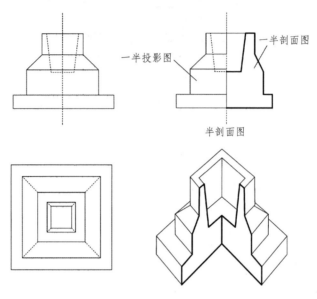

图2-13　半剖面图

3. 阶梯剖面图

当形体因内部结构复杂，剖切平面不能将其内部结构完全表达出来时，可用两个或两个以上互相平行的剖切平面将形体剖切开，得到的剖面图称为阶梯剖面图，如图 2-14 所示。

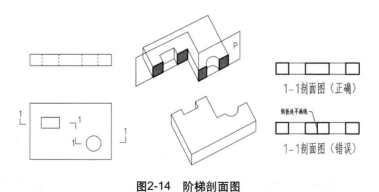

图2-14　阶梯剖面图

4. 局部剖面图

用局部剖切的方法表示形体内部的结构，所得的剖面图称为局部剖面图。显然，局部剖面图适用于内、外结构都需要表达，且又不具备对称条件或局部需要剖切的形体。在局部剖面图中，外形与剖面及剖面部分之间应以细波浪线分隔。

局部剖面图一般不再进行标注，适用于表达形体局部的内部结构。在建筑工程和室内装饰工程中，常用分层剖切的方式画出楼面、层面、地面等的构造和所用材料，所得剖面图称为分层局部剖面图，如图 2-15 所示。

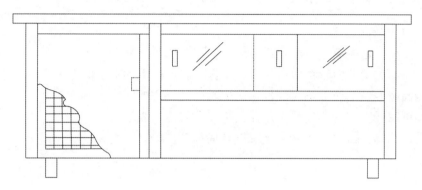

图2-15　柜子的分层局部剖面图

课堂讨论

什么情况下使用局部剖面图？

2.4　断面图

假设用一个剖切平面将形体剖开，仅画出剖切平面与形体接触部分（截断面）的形状的图形称为断面图，如图 2-16 所示。

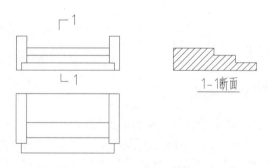

图2-16　台阶断面图

2.4.1　断面图的分类

断面图主要用来表示物体某一部位的截断面形状。根据断面图在图形中的位置不同分为移出断面图、重合断面图和中断断面图。

1. 移出断面图

画在物体投影轮廓线之外的断面图称为移出断面图。移出断面图的轮廓线用粗实线画出，可以画在剖切平面的延长线上或其他适当的位置，并画出材料图例，如图 2-17 所示。

2. 重合断面图

画在形体投影图轮廓线内截切位置的断面图称为重合断面图。重合断面图的断面轮廓线用粗实线画出。当投影图的轮廓线与断面图的轮廓线重叠时，投影图的轮廓线仍需要完整画出，不可间断。重合断面图不作任何标注，常用来表示型钢、墙面的花饰、屋面的形状、坡度以及局部杆件等，如图 2-18 所示。

3. 中断断面图

有些构件较长且断面的形状不变，或只做某种简单的渐变，常把视图断开，把断面形状画在中断处，这种断面图称为中断断面图。中断断面图可不作任何标注，如图 2-19 所示。

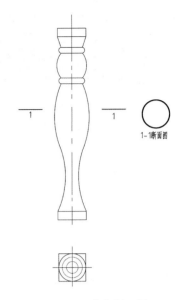

图2-17　移出断面图

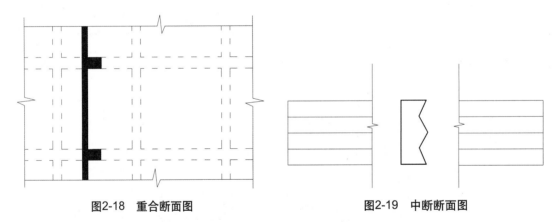

图2-18　重合断面图　　　　　图2-19　中断断面图

2.4.2　剖面图与断面图的区别

断面图的断面轮廓线用粗实线绘制，其画法与剖面图相同，二者的区别有以下几方面。

（1）剖面图中包含断面图，除了画出断面的图形外，还要画出剖切后物体保留部分沿投影方向所能看到的投影；断面图只需画出物体被剖切后截断面的投影，如图 2-20 所示。

（2）剖面图的剖切符号要画出剖切位置和投影方向线；断面图只画剖切位置线，投影方向用编号所在的位置来表示。

（3）剖面图中的剖切平面可以转折；断面图中的剖切平面不可转折。

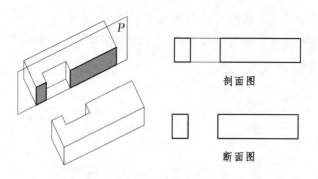

剖面图

断面图

图2-20　剖面图与断面图的区别

一、桌子的三视图

图 2-21 所示为桌子的三视图。三视图一般用于表现放置在空间中央的设计构造，需要绘制多个投影面才能完整表达设计创意。桌子的穿插构造较复杂，需要做逻辑推理，才能准确无误地完成制图。构图要完整，标注要准确，还需要有必要的文字说明。

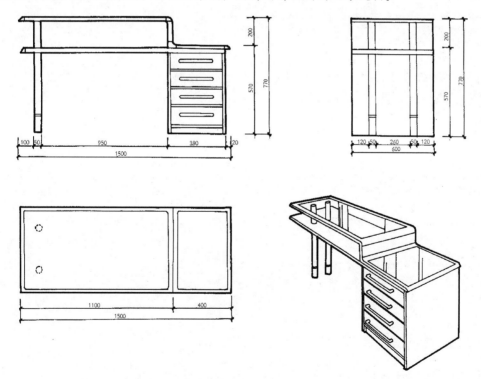

图2-21　桌子的三视图

二、主卧天花剖面图

图 2-22 中详细地表示出天花造型的凹凸关系及尺寸、各装饰构件与建筑的连接方式、各

不同层面的收口工艺等，并运用标准的制图符号进行表示。图中为了提升图面的辨识度和审美效果，还对不同的材质做了图案填充处理。我们在日常学习、工作中，要多了解尺寸分配与构造逻辑。

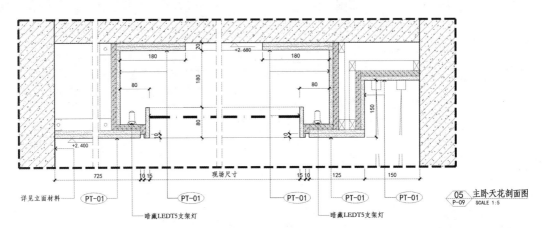

图2-22　主卧天花剖面图

本章小结

投影部分的学习主要在于培养学生的立体空间塑造能力，就是二维平面和三维立体之间的转换，这是工程制图的一个难点。

复习与思考题

1．详细讲述投射光线与阴影形成的关系。
2．三视图都有哪些内容？
3．三视图的对应关系是什么？

实训课堂

1．根据图2-23绘制三视图，注意尺寸标注和视图位置。
2．根据图2-24绘制1-1剖面图和2-2断面图。

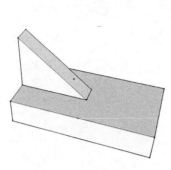

图2-23　绘制三视图

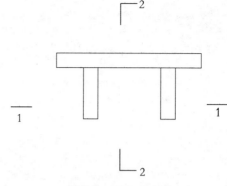

图2-24　凳子立面图

第3章

室内工程制图

了解室内工程制图的分类、特点及常用符号，并能独立绘制施工图。

为了保证技术交流的方便，所有的工程制图必须遵循国家、行业及所在国家或地区的有关规定。按照统一的标准绘图和识图，会减少许多差错和误解，也可以提高工作效率，保证设计质量。

3.1 概述

本节主要介绍室内工程图的基础内容及测量和绘制草图的方法与要求。

3.1.1 基本知识

室内设计表现内容中的平面图、顶面图、立面图和详图即室内装饰施工图（工程图）是设计者进行室内设计表达的深化阶段及最终阶段，更是指导室内装饰施工的重要依据。

室内装饰施工图属于建筑装饰设计范围，在图样标题栏的图别中简称"装施"或"饰施"。平面布置图，如图3-1所示。

图3-1　平面布置图

1. 室内工程图的线型设置

了解和掌握室内工程图的线型设置，不仅是绘制图纸的需要，同时还可以看懂别人的图纸。为了让学生清晰了解室内设计对线型的基本要求，现列出室内常用线型，如表3-1 所示。

表3-1　室内常用线型

名称	线型	主要用途
实线	粗	(1) 平、剖面图中被剖切的房屋建筑和装饰装修构造的主要轮廓线； (2) 房屋建筑室内装饰装修立面图的外轮廓线； (3) 房屋建筑室内装饰装修构造详图、节点图中被剖切部分的主要轮廓线； (4) 平、立、剖面图的剖切符号
	中粗	(1) 平、剖面图中被剖切的房屋建筑和装饰装修构造的次要轮廓线； (2) 房屋建筑室内装饰装修详图中的外轮廓线
	中	(1) 房屋建筑室内装饰装修构造详图中的一般轮廓线； (2) 小于 0.7b 的图形线、家具线、尺寸线、尺寸界线、索引符号、标高符号、引出线、地面和墙面的高差分界线等
	细	图形和图例的填充线
虚线	中粗	(1) 表示被遮挡部分的轮廓线； (2) 表示被索引图样的范围； (3) 拟建、扩建房屋建筑室内装饰装修部分轮廓线
	中	(1) 表示平面中上部的投影轮廓线； (2) 预想放置的房屋建筑或构件
	细	表示内容与中虚线相同，适合小于 0.5b 的不可见轮廓线
单点长画线	中粗	运动轨迹线
	细	中心线、对称线、定位轴线
折断线	细	不需要画全的断开界线
波浪线	细	(1) 不需要画全的断开界线； (2) 构造层次的断开界线； (3) 曲线形构件断开界线
点线	细	制图需要的辅助线
样条曲线	细	(1) 不需要画全的断开界线； (2) 制图需要的引出线
云线	中	(1) 圈出被索引的图样范围； (2) 标注材料的范围； (3) 标注需要强调、变更或改动的区域

2. 室内工程图纸的具体画法

室内工程图纸的具体画法，如下所述。
(1) 选定图幅，确定比例。

（2）画出定位轴线。

（3）根据定位轴线，画出室内主次墙体。

（4）画出门窗、家具及立面造型的投影。

（5）完成各细部作图。

（6）检查后，擦去多余图线并按线型、线宽加深图线。

（7）注全有关尺寸，注写文字说明。

3.1.2 测量和绘制草图

绘制工程图纸之前必须进行实地的测量，只有经过详细测量得到精准的数据，才能为制图奠定坚实的基础。要在设计、施工现场进行实地测量，首先要配备必要的工具，主要包括笔、绘图夹、小绘图板、绘图纸（复印纸）、卷尺、照相机。

1. 测量工具的使用方法

（1）笔、绘图夹、小绘图板、绘图纸（复印纸），主要用来详细绘制测量草图，记录相关测量数据。

（2）卷尺，有钢卷尺和塑料卷尺两种。钢卷尺一般在普通文具店和杂货店都能买到，便于携带的有 3m、5m、8m 等几种规格；塑料卷尺长度规格很大，一般有 15m、30m、50m 等几种规格。卷尺主要用于测量室内外空间的尺度。在使用中注意把卷尺水平方向放平测量，如果不能取直线，可放于地面上测量；垂直方向可用卷尺从下往上进行测量，紧贴墙面。如果距离过长可分段测量。测量方法如图 3-2 所示。

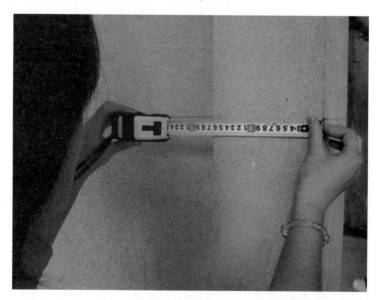

图3-2　测量方法

2. 现场测绘操作要求

（1）进入施工现场后，目测，大致了解现场情况，徒手绘制出大概平面图。

（2）用卷尺按照顺序测量每个房间的内墙尺寸、门窗尺寸、间隔墙体厚度、房间高度（最高点，最低点）、一些细部构件等，详细记录各种管道位置。重点要测量卫生间和厨房。

3. 测量草图的绘制要求

（1）按照正确的比例关系绘制草图。
（2）可以用单线条进行绘制。
（3）标清楚门窗的位置。
（4）在草图上直接进行尺寸标注，如图 3-3 所示。
（5）把草图绘制成标准的平面图纸（手工或者电脑作图）。
（6）每测量一个尺寸，就要在草图上进行尺寸记录，不能漏记、误记。按照每个空间的长宽算出该空间的面积，做到室内平面布置大致心里有数。

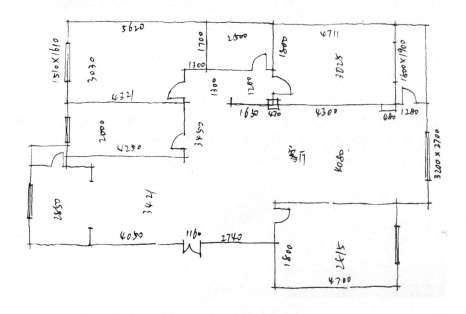

图3-3　草图的绘制

课堂讨论

现场测量需要记录哪些内容？

3.2　室内平面图

假设平行于地面，有个水平平面剖切了房间，详细表达出该部分剖切线以下的平面空间布置内容及关系，就形成了平面图，如图 3-4 所示。

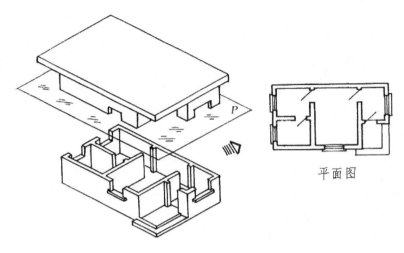

图3-4　平面图的形成

室内平面图是设计师对一个功能空间的基本设想。结合这些基本设想，设计师可以在每个功能空间的界面上加以完善，并引导各工种施工人员进行施工，共同协作完成一套室内空间的完整设计方案。同时，平面图也是设计师与乙方交流时必备的图样之一。对于室内平面图来说，既包括家具、陈设物的平面形状、大小、位置，也包括室内地面装饰材料与工艺要求的表示等。这类图样往往也会显示出自身的绘制特点，比如复杂生动的造型以及细部灵活的艺术表现。在设计制图实践中，图样的绘制细节应密切结合实地勘察。

 小贴士

在绘制平面图时需依托墙身定位图，在线型的运用上以虚线的形式表达，更易于区分空间和家具。绘制时需注意家具的标准尺寸，避免因对家具的尺寸了解不足而造成图纸比例错误。

因绘制的内容不同，平面图的种类也不同。下面对四种常见平面图进行介绍。

1. 平面布置图

平面布置图需要表示设计对象的平面形状及尺寸、房间布置、建筑入口、门厅及楼梯布置的情况，表明墙、柱的位置、厚度和所用材料以及门窗的类型、位置等情况。室内的平面图主要说明在平面上的空间划分与布局，与土建结构有对应的关系，如设施、设备的设置情况和相应的尺寸关系。因此，平面布置图基本上是设计对象的立面设计、地面装饰和空间分隔等施工的统领性依据，它代表了设计者与投资者已取得确认的基本设计方案，也是其他分项图纸的重要依据。平面布置图的主要绘制内容如下。

（1）绘制出隔墙、固定家具、固定构件等。

（2）表达出各空间详细的功能内容，文字注释。

（3）绘制出活动家具及陈设品图例。

（4）注明装修地坪的标高，这里的标高为相对标高。

（5）注明本部分的建筑轴号及轴线尺寸。

2. 立面索引平面图

为表示室内立面图在平面图上的位置，应在图上用内视符号注明视点位置、方向及立面编号，如图3-5所示。

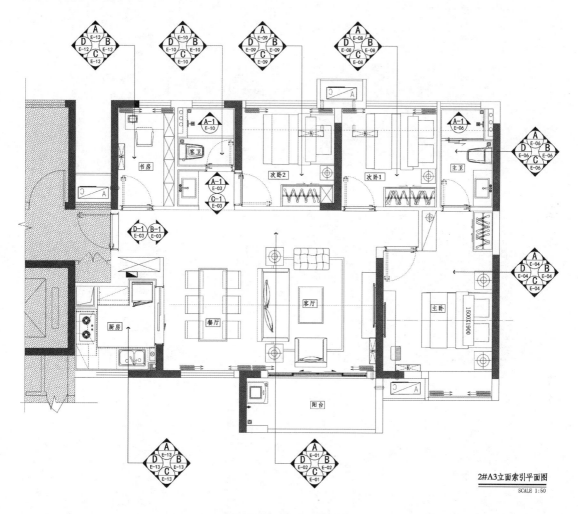

图3-5　立面索引平面图

立面索引平面图的主要绘制内容如下。

（1）详细表达出剖切线以下的平面空间布置内容及关系。

（2）绘制出隔墙、隔断、固定构件、固定家具、窗帘等。

（3）详细绘制出各立面、剖立面的索引号和剖切号，绘制出平面中需要被索引部分的详图号。

（4）绘制出地坪的标高关系。

（5）注明轴号及轴线尺寸。

3.地面铺装平面图

地面铺装平面图主要用于表现平面图中地面构造设计和材料铺设的细节，它一般作为平面布置图的补充，当设计对象的布局形式和地面铺装非常复杂时，就需要单独绘制该图。地面铺装平面图的主要绘制内容如下。

（1）绘制出该部分地坪界面的空间内容及关系。

（2）绘制出地坪材料的规格、材料编号及施工图。

（3）如果地面有其他埋地式的设备则需要绘制出来，如埋地灯、暗藏光源、地插座等。

（4）如有需要，绘制出地坪材料拼花或大样索引号。

（5）如有需要，绘制出地坪装修所需的构造节点索引。

（6）注明地坪相对标高。

（7）注明轴号及轴线尺寸。

（8）地坪如有标高上的落差，需要节点剖切，则需要注明剖切的节点索引号。地坪材料平面图，如图3-6所示。

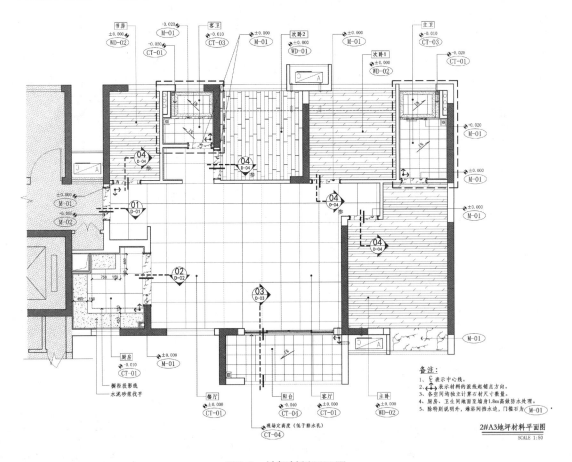

图3-6 地坪材料平面图

如果地面铺装使用了多种材料，可以把图中使用过的材料图例列表加以说明，如表3-2所示。

表3-2　地面使用材料说明

F-01	樱桃木实木漆板（有基层）
F-02	厨房地砖B30703/300mm×300mm
F-03	卫生间地砖30688A/300mm×300mm
F-04	阳台地砖
F-05	餐厅地砖：仿米黄色地砖600mm×600mm

4. 平面灯具布置图

平面灯具布置图是指平面及立面上的灯具，需要注意与顶面灯具区分开来。平面灯具布置图的主要绘制内容如下。

（1）绘制出该部分剖切线以下的平面空间布置内容及关系。

（2）绘制出平面中的每一款灯具和灯饰的位置及图形。

（3）绘制出立面中各类壁灯、画灯、镜前灯的平面投影位置。

（4）绘制出暗藏于平面、地面、家具及装修中的光源。

（5）绘制出地坪上的地埋灯及踏步灯。

（6）注明地坪标高关系。

（7）标注轴号及轴线尺寸。

天花灯具定位及家具对应平面图，如图3-7所示。

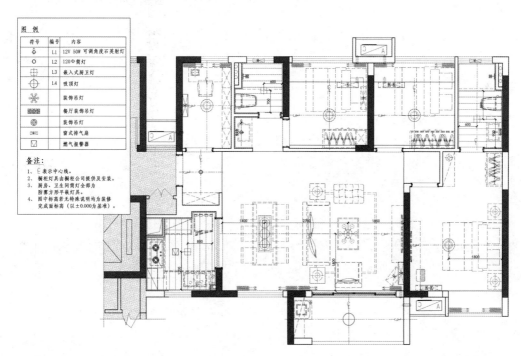

2#A3天花灯具定位及家具对应平面图
SCALE 1:50

图3-7　天花灯具定位及家具对应平面图

课堂讨论

绘制室内平面图时需要注意哪些问题?

3.3 室内顶面图

室内顶面图(又称天花图)的形成方法与平面图基本相同,不同之处是投射方向恰好相反。用假想的水平剖切面从窗台上方把房屋剖开,移去下面的部分,向顶棚方向投射,即得到顶面图。

室内顶面图主要用来表达室内顶部造型的尺寸及材料、灯具、通风、消防、音响等系统的规格与位置。在图纸上的名称可再分为天花造型尺寸图、天花灯位尺寸图、空调设备定位图、天花灯位控线图、综合天花图等。室内顶面图一般在平面布置图之后绘制,也属于常规图纸之一,它与平面布置图的功能一样,除了反映天花设计形式外,主要为绘制后期图纸奠定基础。

小贴士

室内顶面图是在平面布置图确认后,依托墙身定位图和平面布置图中各种功能需要而配置的顶部视图。在一幢大楼中由于各房间的平面布置不一样,其造型、灯饰、消防、通风的方式及风格也会不一样。

室内顶面图的主要绘制内容如下。

(1)表达出剖切线以上的建筑与室内空间的造型及其关系。

(2)绘制出室内顶面上该部分的灯具图例及其他装饰物(不注尺寸)。

(3)绘制出窗帘及窗帘盒。

(4)绘制出门、窗洞口的位置(无门窗表达)。

(5)绘制出风口、检查口及烟感、温感、喷淋、广播等设备的位置(不注尺寸)。

(6)绘制出平顶的标高关系。室内顶棚平面图不同层次的标高,一般标注该层次距本层楼面的高度。天花(室内顶面)造型平面图,如图3-8所示。

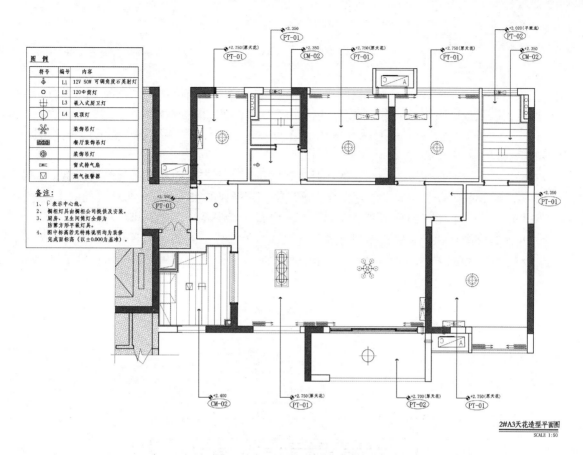

图 例		
符号	编号	内容
⊕	L1	12V 50W 可调角度石英射灯
○	L2	120Φ筒灯
⊞	L3	嵌入式厨卫灯
⊕	L4	吸顶灯
❋		装饰吊灯
▦		餐厅装饰吊灯
▦		装饰吊灯
▭		窗式排气扇
▽		燃气报警器

备注:
1、 ✛ 表示中心线。
2、 橱柜灯具由橱柜公司提供及安装。
3、 厨房、卫生间筒灯全部为防雾方形平装灯具。
4、 图中标高若无特殊说明均为装修完成面标高(以±0.000为基准)。

2#A3天花造型平面图
SCALE 1:50

图3-8 天花(室内顶面)造型平面图

为了表达清楚,避免产生歧义,一般把室内顶面图中使用过的图例列表加以说明,如表 3-3 所示。

表3-3 室内顶面图图例说明

c-01	轻钢龙骨石膏板吊顶天花
c-02	暗架龙骨白色方块铝板吊顶天花300mm×300mm
c-03	建筑天花油白
⊕	吸顶灯/吊灯
⊕	石英射灯
⊕	防雾筒灯
▬	暖风/排风风扇

课堂讨论

绘制室内顶面图时需要注意哪些问题?

3.4 室内立面图

在室内设计中，假设平行于某空间立面方向有一个竖直平面从顶至地将该空间剖切，剖切后所得到的正投影图称为室内立面图，也称为剖立面图。

位于剖切线上的物体均表现为被切的断面图形式（一般为墙体及顶棚、楼板），位于剖切线后的物体以界立面形式表示。

立面图要与总平面图、平面布置图相呼应，除了画出固定墙面外，还可以画出墙面上可灵活移动的装饰品，以及地面上的陈设家具等设施。它形成的实质是某一方向墙面的正视图。如图 3-9 所示，上下左右的轮廓线分别为顶面、地面、墙体界线，在中间绘制所需要的设计构造，尺寸标注要严谨，包括细节尺寸和整体尺寸，外加详细的文字说明。立面图画好后要反复核对，避免遗漏关键的造型设计。一般立面图应在平面图中利用立面索引符号指明立面方向。

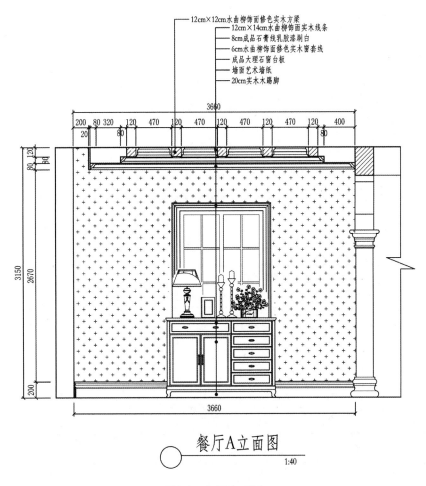

图3-9　餐厅立面图

另外，有时涉及复杂结构，也可以采用剖面图来表示。

对于立面图的命名，平面图中无轴线标注时，可按所视方向命名，在平面图中标注所视方向，如 A 立面图，另外也可按平面图中轴线编号命名，如 B-D 立面图等。

装修立面图（剖立面图）的主要绘制内容如下。

（1）绘制出被剖切后的建筑及装修的断面形式（墙体、门洞、窗洞、抬高地坪、装修的内含空间、吊顶背后的内含空间……）

（2）绘制出在投视方向未被剖切到的可见装修内容和固定家具、灯具造型及其他。

（3）绘制出施工尺寸及标高。

（4）绘制出节点剖切索引号、大样索引号。

（5）绘制出装修材料的编号及说明。

（6）绘制出该立面的轴号、轴线尺寸。

（7）绘制出该立面的立面图及图名。

（8）若没有单独的陈设立面图，则在本图上绘制出活动家具、灯具等立面造型（以虚线绘制主要可见轮廓线），如有需要可以表示出这些内容的索引编号。主卧 A 立面图，如图 3-10 所示；主卧 B 和 D 立面图，如图 3-11 所示。

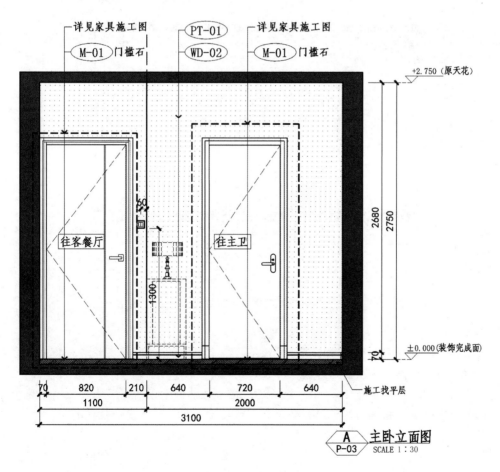

图3-10　主卧A立面图

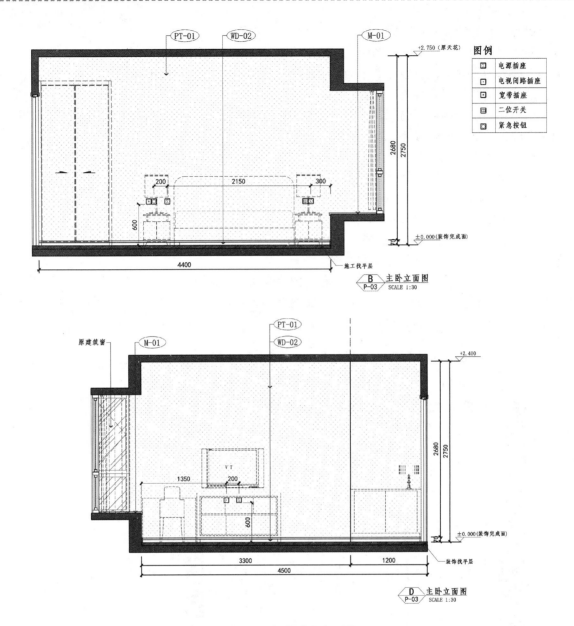

图3-11 主卧B和D立面图

注意

平面形状曲折的建筑物可绘制展开室内立面图；图形或多边形平面的建筑物，可分段展开绘制室内立面图，但均应在图名后加注"展开"二字。

室内立面图常用的比例是1：50、1：30，在这个比例范围内，基本可以清晰地表达出室内立面上的形体。如有详细解释图形的需要，可在立面图上引出更小比例的详图。

课堂讨论

绘制室内立面图时需要注意哪些问题？

3.5 室内详图

详图就是详细的施工图，在室内制图中，如果在平面图、立面图、剖面图上都无法表示时，可以采用这种比例放大更多的图形。详图可分为大样图、节点图和断面图三类。

室内详图应画出构件间的连接方式，应注全相应的尺寸，并应用文字说明制作工艺的相关要求。室内详图的线型、线宽与建筑详图相同。当绘制较简单的详图时，可采用线宽比为 b : 0.25b 的两种线宽的线宽组。

室内详图的类型与绘制内容如下所述。

1. 大样图

大样图是指对某一图纸局部单一性放大，主要是表现这个图样的形态和尺寸，对于构造不做深入绘制。大样图适用于绘制某些形状特殊、开孔或连接较复杂的零件或节点，在常规平面图、立面图、剖面图或构造节点图中不便表达清楚时，就需要单独绘制大样图。大样图的主要绘制内容如下。

(1) 绘制局部详细的大比例样图。

(2) 注明详细尺寸。

(3) 注明所需的节点剖切索引号。

(4) 注明具体的材料编号及说明。

(5) 注明详图号及比例。常用比例为 1 : 1、1 : 2、1 : 5、1 : 10。

主卧门槛石剖面大样图，如图 3-12 所示。

2. 节点图

节点图是用来表现复杂设计构造的详细图样，它可以是常规平面图、立面图中复杂构造的直接放大图样，也可以是将某构造经过剖切后局部放大的图样，如图 3-13 所示。在大多情况下，它是剖面图与大样图的结合体。构造节点图一般要将设计对象的局部放大后详细表现，它相对于普通剖面图而言，比例会更大，并以表现局部为主，当原始平面图、立面图和剖面图的投影方向不能完全表现构造时，还需要对该构造做必要剖切，并绘制引出符号。这类图纸一般用于表现设计施工要点，需要针对复杂的设计构造专项绘制，也可以在国家标准图集、图库中查阅并引用。节点图的主要绘制内容如下。

(1) 详细注明被切截面从结构体至面饰层的施工构造连接方法及相互关系。

(2) 注明紧固件、连接件的具体图形与实际比例尺度（如膨胀螺栓等）。

(3) 注明详细的面饰层造型与材料编号及说明。

(4) 注明各断面构造内的材料图例、编号、说明及工艺要求。

(5) 注明详细的施工尺寸。

(6) 注明有关施工所需的要求。

(7) 注明墙体粉刷线及墙体材质图例。

(8) 注明节点详图号及比例。常用比例为 1 : 1、1 : 2、1 : 5、1 : 10。

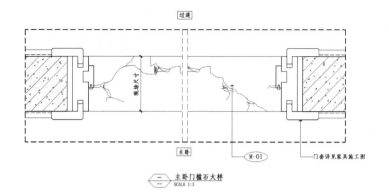

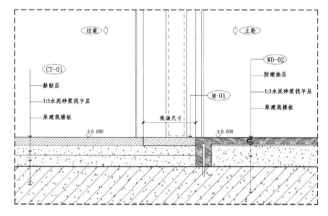

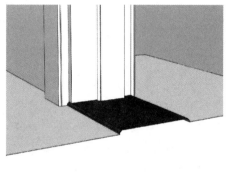

图3-12　主卧门槛石大样及剖面图

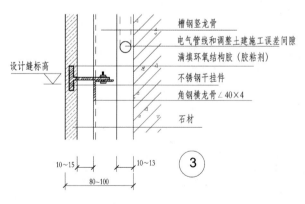

图3-13　节点图

3. 断面图

断面图是指假设用剖切面剖开物体后，仅画出该剖切面与物体接触部分的正投影所得的图形，如图 3-14 所示。在日常设计制图中，大多数断面图都用于表现平面图或立面图中的不可见构造，要求使用粗实线清晰绘制出剖切部位的投影。断面图的主要绘制内容如下。

（1）表达出由顶至地连贯的被剖截面造型。

（2）表达出由结构至表饰层的施工构造方法及连接关系（如断面龙骨）。

（3）从断面图中引出需进一步放大表达的节点详图，并注明索引编号。

（4）注明结构体、断面构造层及饰面层的材料图例、编号及说明。

（5）注明断面图所需的尺寸深度。

（6）注明有关施工所需的要求。

（7）注明断面图号及比例。

课堂讨论

绘制室内详图时需要注意哪些问题？

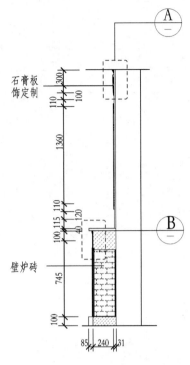

图3-14　断面图

3.6　图表

本节主要介绍材料表和灯具表。

1. 材料表

材料表是反映全套设计施工图使用材料的详细表格，其组成内容如下。

（1）注明材料类别。

（2）注明每款材料详细的中文名称，并可以文字恰当描述其视觉和物理特征。

（3）有些产品需特别标注厂家型号、名称及规格等，如表 3-4 和图 3-15 所示。

表3-4　材料表

物件编号	名称	规格	完成面细节	防火等级	使用位置
GL-1	清玻璃	厚度 10mm	透明	A	样板房及样板房洗手间（具体位置详见图纸）
GT-2	酸蚀刻玻璃	厚度 10mm	酸蚀刻	A	双床房卫生间、淋浴间、坐厕间

物件编号	名称	规格	完成面细节	防火等级	使用位置
GT-3	清镜	厚度 6mm	镜面	A	具体位置详见图纸
GT-4	装饰玻璃	厚度 10mm		A	大床房卫生间、淋浴间和坐厕间
MT-6	铜		抛光面 / 蚀刻面	A	电梯门（具体位置详见图纸）
PT-1	涂料		瑞士咖啡色哑光面		样板房天花
PT-3	油漆		百合色半光面		样板房及样板房走廊。天花角线、踢脚线、门框、衣柜门及墙面、线条等
PT-4	涂料		瑞士咖啡色哑光面		洗手间天花
PT-7	涂料		白色 哑光面		样板房走道天花
PT-8	油漆		半光面		样板房走道天花角线、线条、踢脚线及门
ST-1	Golden Spider	墙面厚度 15mm，地面厚度 20mm	抛光面		大床房卫生间地面及墙面
ST-3	Michelangelo	墙面厚度 15mm，地面厚度 20mm	抛光面		洗手台及样板房部分位置、电梯厅
ST-4	Breccia Oniciata	墙面厚度 15mm，地面厚度 20mm	抛光面		双床房卫生间地面及墙面
WC-1	墙纸	宽度 1370mm		B1	样板房墙面
WC-3	墙纸	838mm × 475mm		B1	坐厕间墙面
WC-5	墙纸	10 000mm × 520mm（卷）		B1	样板房床头背景墙及行李架
WC-6	墙纸	宽度 680mm		B1	大床房卫生间浴缸处壁龛
WC-7	墙纸	宽度 1370mm		B1	走廊及电梯厅墙面
WC-8	墙纸	10 000mm × 520mm（卷）		B1	大床房卫生间浴缸处壁龛

材料表

物料说明：
　　必须符合合同要求的质量并且适合用于商业用途，制作符合HBA的导言及以下要求。

1. 使用位置：双床房卫生间、淋浴间、坐厕间。
2. 厚度：10mm。
3. 完成面：酸蚀刻。
4. 具体使用位置详见J&A平、立面及大样图纸。
5. 所有玻璃需钢化。
6. 根据平、立面及大样图提供整块玻璃，没有接缝。
7. 运货前须提供12寸×12寸材料样板给HBA确认。
8. 所有暴露边缘必须水磨抛光。

HBA提供来源：

HBA提供样板：

GL-2

J&A提供来源：
　　***艺术玻璃有限公司
联系人：
联系电话：
　　***玻璃工艺制品厂
联系人：
联系电话：

日期：

项目名称：

物料名称：
　　酸蚀刻玻璃

项目编号：
J&A-X-2010-001

物件编号：
GL-2

类别：
玻璃

图3-15　材料表样板

2. 灯具表

灯具表中列示了全套设计图中所运用的光源内容，其组成内容如下。

（1）注明各光源的平面图例。

（2）以"LT"为光源字母代号后缀数字编号，构成灯光索引编号，并以矩形为符号。

（3）有专业的照明描述，具体包括光源类别、功率、色温、显色性、有效射程、配光角度、安装形式及尺寸。

灯具样板表，一般包括灯具的物件编号、名称、光源、品牌、厂家型号等，如表3-5所示。

表3-5 灯具样板表

物件编号	名称	光源	品牌	厂家型号	备注
L01	防水筒灯	PL13W/2700K	优莱照明	DFB-11001-D13 改制品	
L02	嵌入式筒灯	MR1135W/FL	优莱照明	DH-11001-0-51	
L03	嵌入式筒灯	MR1135W/SP	优莱照明	DH-11001-0-51	
L04	嵌入式可调筒灯	MR1135W/FL	优莱照明	DH-11001-2-51	
L05	嵌入式可调筒灯	MR1135W/SP	优莱照明	DH-11001-2-51	
L07	荧光灯槽	T528W/2700K	飞利浦	TWG128/2005	
L08	荧光灯槽	T528W/2700K	飞利浦	TWG128/2005	
F04	应急灯	LED1.5W	SKYLUX	SK-6045	
F05	夜灯	LED3W/2700K	OSRAM	DE-W3F-727	
F06	LED 灯带	LED8W/M/2700K	大峡谷光电	SF1-C5000-0240WT2-00	
MRX-312	嵌入式筒灯	MR1650W/SP	优莱照明	DH-11001-0-51	
MRX-313	嵌入式可调筒灯	MR1135W/SP	优莱照明	DH-11001-0-51	
MRX-313A	嵌入式可调筒灯	MR1650W/FL	优莱照明	DH-11001-0-51	
MRX-314	冷阴极管	30W/M/2800K	喜万年	SD-06	

室内施工图往往需要用到比较多的材料，因此在图纸上，除了以文字表述各种材料外，有时还需要通过填充图案的变化使图纸更加清晰明了，如图 3-16 所示。

功能灯具表

物料说明：

　　必须达到合同要求的质量，并且适合于本项目用途。施工必须按照bpi设计的要求以及以下各项。

1. 使用位置：精确位置参阅J&A施工图。
2. 品牌型号：DFB-11001-0-D13改制品。
3. 灯具尺寸：开孔直径：102mm　外圈直径：110mm　深度：182mm。
4. 光源：PL13W/2700K。
5. 产品规格。

　　（1）阳极处理高纯铝反射罩；
　　（2）压铸铝接线盒及反射器；
　　（3）压铸铝固定面圈，表面白色静电粉末喷涂；
　　（4）增加防水防雾玻璃；
　　（5）IP44。

来源：	
上海	
地址：	
联系人：	
电话：	
传真：	

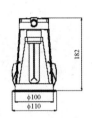

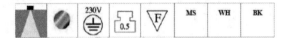

日期：	

项目名称：

项目编号：
J&A-X-2010-001
物件编号：
L01
类别：
灯具

物料名称：

防水筒灯

图3-16　灯具表样板

课堂讨论

绘制图表时需要注意哪些问题？

一、住宅装饰设计中常见的平面布置图与各主要立面图

图 3-17 ～图 3-22 为住宅空间平面布置图与各主要立面图。这是一套较完整的图纸，全面表现室内空间的装饰设计构造，平面图与立面图严谨对照，指引、标注方式整齐，详细记录装饰材料与施工工艺，能顺利指导工程施工。这类图面形式与表现效果能满足大多数住宅空间设计、施工的需求。

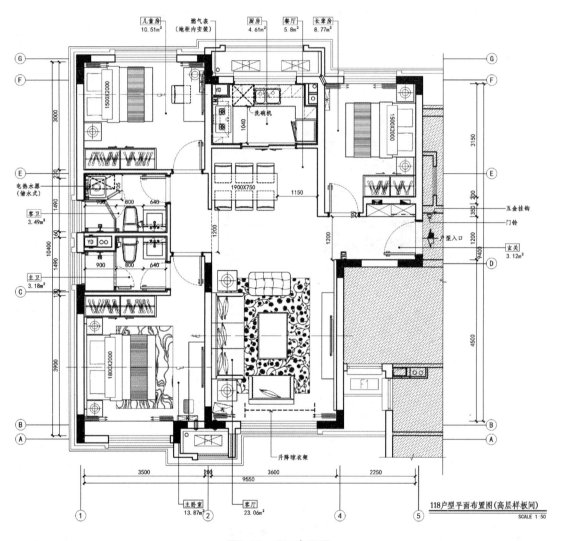

图3-17 平面布置图

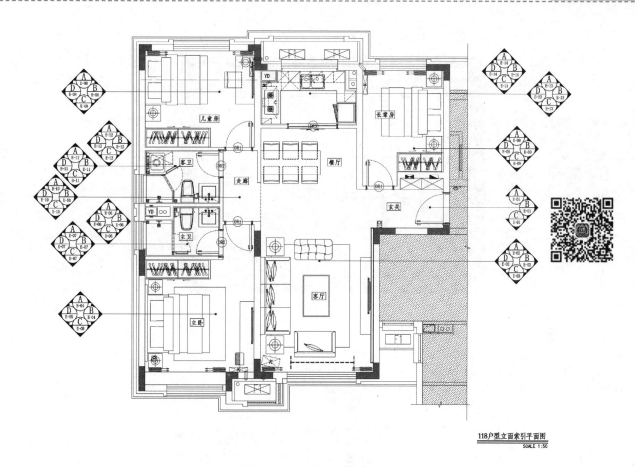

图3-18 立面索引平面图

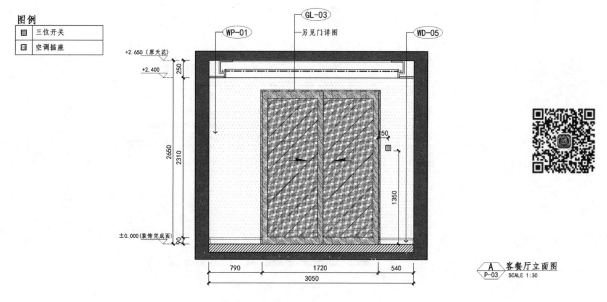

图3-19 客餐厅A立面图

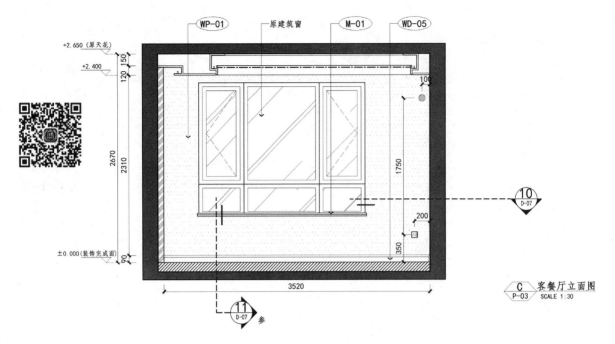

图3-20 客餐厅C立面图

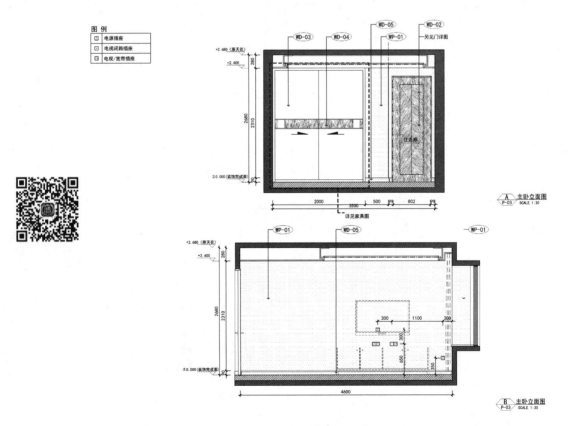

图3-21 主卧立面图

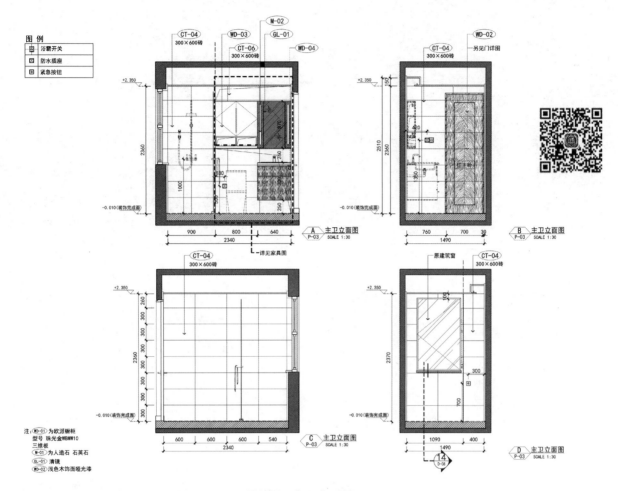

图3-22　主卫立面图

二、酒店客房洗面台平面图和大样图

图 3-23 和图 3-24 是酒店客房洗面台的平面图和大样图。针对体积较大且构造复杂的设计对象，需要绘制剖面图、大样图来补充平面图、立面图的不足。详图不仅要求构造详细，而且还要配置相应的尺寸数据和文字说明，正确的指引符号也是提升图面效果的重要因素。

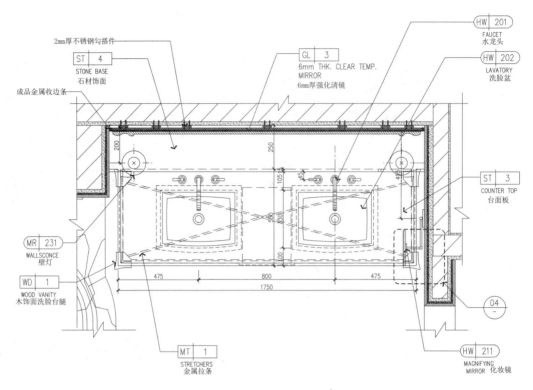

图3-23　酒店客房洗面台平面图

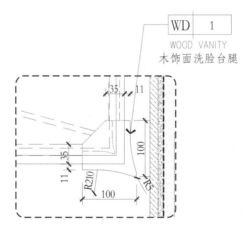

图3-24　酒店客房洗面台大样图

　　环境设计工程制图是室内外设计的结果，也是室内外工程施工的依据。室内外设计因侧重点不同，命名也有所不同。

复习与思考题

1. 简述平面图组成要素、绘制方法及其要求。
2. 简述天花图组成要素、绘制方法及其要求。

实训课堂

1. 分组进行教室的测量并绘制教室平面图草图，根据草图用手工或者计算机绘制出标准图纸。

2. 认真阅读图 3-1、图 3-8、图 3-9、图 3-10、图 3-12 并完整临摹，绘制方法需严格按照本书所述各项相关要求执行。

第4章

建筑工程制图

学习要点及目标

通过本章的学习,让学生了解建筑工程制图绘制特点、建筑制图的基本内容与相关绘制要求;能够识读建筑图纸。

本章导读

建筑设计分为方案设计、初步设计和施工图设计三个阶段。而初步设计和施工图设计是通过工程制图来表达的,熟悉工程制图的标准、规范是一个建筑设计师必须要掌握的一项基本技能。施工时,需要按建筑施工图,把设计想象中的建筑建造出来。

一般来说,室内设计是建筑设计的延伸和深化。室内设计的核心是室内空间的组合形态设计和室内空间的界面设计。室内空间即建筑的室内空间,建筑是室内空间存在的基础和前提,也就是说没有建筑设计,室内设计就无从谈起。因此,要搞好室内设计,就必须了解建筑设计图的绘制方法及相关的标准规范,特别是建筑施工图的绘制方法及要求。同时,随着室内设计的不断发展,一些新的设计理念的深入,如"室内设计与建筑设计一体化""室内空间室外化"等设计思想,使室内设计理念日趋成熟和完善。

4.1　概述

按照建筑不同的使用性质,我们通常把建筑分为工业建筑(厂房、仓库、动力间等)、农业建筑(谷仓、饲养场等)及民用建筑。其中,民用建筑又可分为居住建筑(住宅、宿舍、公寓等)和公共建筑(学校、旅馆、剧院等)。

建筑物的主要部分一般是由基础、墙(或柱)、楼(地)面、楼梯、屋顶和门窗等组成。此外,还包括台阶(坡道)、雨篷、阳台、雨水管、散水(明沟)、勒脚以及其他各种构配件和装饰等,如图4-1和图4-2所示。

4.1.1　建筑施工图的组成与作用

建筑的设计和施工是一个相当复杂的过程,是各个专业人员共同配合的结晶。按照专业分工的不同,施工图又分为建筑施工图(简称建施)、结构施工图(简称结施)、给排水施工图(简称水施)、电气施工图(简称电施)和采暖通风施工图(简称暖施,如仅为换气通风施工图,简称风施),其中,水施、电施、暖施统称为设备施工图(简称设施)。建筑施工图是为了施工服务的,用来作为施工放线,砌筑基础及墙身,铺设楼板、屋顶、楼梯,安装门窗,室内外装饰以及编制预算和施工组织计划等的依据。

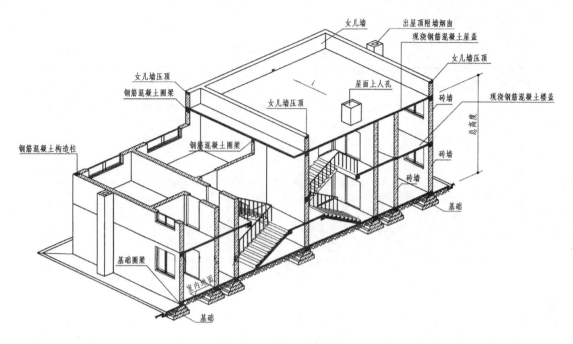

图4-1 建筑的基本组成

图4-2 散水及明沟

4.1.2 建筑施工图表达的基本构成

建筑施工图主要表达房屋的外部造型、内部结构、固定设施、构造工艺和所用材料等内容。建筑施工图的内容主要通过以下两大类进行表达。

（1）文字表述包括首页、目录、设计总说明、工程做法、门窗表、计算书等。

（2）制图包括总平面图、平面图、立面图、剖面图、详图等。

4.1.3 建筑施工图制图基本规定

1. 图线

为了使建筑图中所要表达的不同内容能层次分明，必须采用不同的图线来表现。建筑施工图的图线和一般用途，如表 4-1 所示。

表4-1　建筑施工图图线的基本规定

名称	线型	一般用途
实线	粗	(1) 平、剖、立面图中被剖切的主要建筑构造（包括构配件）的主要轮廓线； (2) 建筑立面图或室内立面图的外轮廓线； (3) 建筑构造详图中被剖切的主要部分的轮廓线； (4) 建筑构配件详图中的外轮廓线； (5) 平、立、剖面图的剖切符号
	中	(1) 平、剖、立面图中被剖切的主要建筑构造（包括构配件）的主要轮廓线； (2) 建筑平、立、剖面图中建筑构配件的轮廓线； (3) 建筑构造详图及建筑构配件详图中的一般轮廓线
	细	小于 0.5b 的图形线、尺寸界线、图例线、索引符号、标高符号、详图材料做法引出线
虚线	中	(1) 建筑构造详图及建筑构配件不可见的轮廓线； (2) 平面图中的起重机（吊车）轮廓线； (3) 拟扩建的建筑物轮廓线
	细	图例线、小于 0.5b 的不可见轮廓线
单点长画线	粗	起重机（吊车）轨道线
	细	中心线、对称线、定位轴线
折断线	细	不需要画全的断开界线
波浪线	细	不需要画全的断开界线；构造层次的断开界线

2. 比例

对于整座建筑物、建筑的局部或细部以及更细小的装饰线脚应分别用不同的比例表达出来。建筑施工图比例的规定，如表 4-2 所示。

表4-2　建筑施工图比例的规定

图名	比例
建筑物或构筑物的平面图、立面图、剖面图	1：50、1：100、1：150、1：200、1：300
建筑物或构筑物的局部放大图	1：10、1：20、1：25、1：30、1：50
配件及构造详图	1：1、1：2、1：5、1：10、1：15、1：20、1：25、1：30、1：50

3. 图例

建筑设计中建筑物和工程构筑物是按比例缩小绘制的，一般建筑细部、建筑材料、构件形状等不能如实绘制时，就需要用统一规定的图例或代号进行表达。

4.1.4 常用的建筑名词和术语

（1）开间（柱距）：两条相邻的横向定位轴线之间的距离。

（2）进深（跨度）：两条相邻的纵向定位轴线之间的距离。

（3）层高：从本层地面或楼面到相邻的上一层楼面的距离。

（4）顶层层高：从顶层的楼面到顶层顶板结构上皮的距离。

（5）净高：从本层的地面或楼面到本层的板底、梁底或吊顶棚地的距离，即层高减去结构和装修厚度的房间净空高度。

（6）建筑面积：建筑物各层外墙或外柱外围以内水平投影面积之和，它包括使用面积、交通面积和结构面积三项。

（7）使用面积：主要使用房间和辅助使用房间的净面积。

（8）交通面积：作为交通联系用的空间或设备所占的面积。

（9）结构面积：建筑结构构件所占的面积。

（10）道路红线（简称红线）：道路用地的边界线。在红线内不允许建任何永久性建筑。

（11）建筑红线：建筑的外立面所不能超出的界线。建筑红线可与道路红线重合，一般在新城市中常使建筑红线退后道路红线，以便腾出用地，改善或美化环境，常取得良好的效果。

（12）建筑占地系数（简称建筑系数）：一定建筑用地范围内所有建筑物占地面积与用地总面积之比，以百分比（%）计。

（13）建筑物的总高度：从室外地坪到女儿墙上皮或挑檐上皮的距离。

（14）楼梯井：楼梯段与休息平台所围合的空间。

课堂讨论

1. 建筑主要由哪几部分组成？每一部分的概念是什么？

2. 建筑施工图一般包含哪些图纸？

4.2 建筑施工总平面图

建筑施工总平面图（见图4-3）是新建筑总体性布局以及与外界关系的平面图。建筑施工总平面图上要绘制新建筑的位置、平面形状、朝向、标高、新设计的道路、绿化以及原有房屋、道路、河流等关系。它是新建筑的定位、施工放线、土方施工及布置施工现场的依据，同时也是其他专业管线设置的依据。

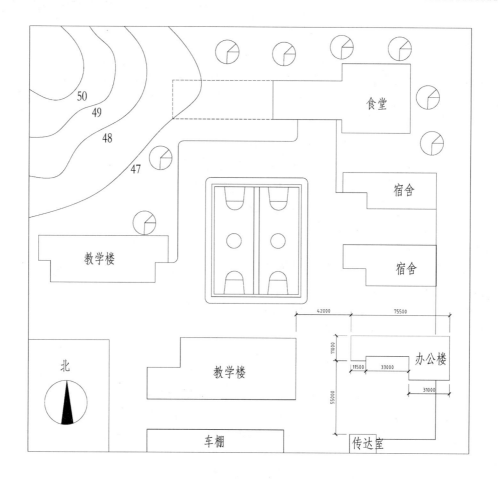

总平面图 1:500

图4-3 某校园建筑总平面图

4.2.1 制图的基本要求

1. 图线

绘制建筑施工总平面图,应根据图纸的功能按表4-3选用线型。

表4-3 建筑施工总平面图图线的规定

名 称	线型	一般用途
实线	粗	(1) 新建建筑物 ±0.00 高度的可见轮廓线; (2) 新建的铁路、管线
	中	(1) 建筑物、道路、桥涵、边坡、围墙、露天堆场、运输设施、挡土墙的可见轮廓线; (2) 场地、区域分界线、用地红线、尺寸起止符号、河道蓝线; (3) 新建建筑物 ±0.00 高度以外的可见轮廓线

续表

名 称	线型		一般用途
实线	细		(1) 新建道路路肩、人行道、排水沟、树丛、草地、花坛的可见轮廓线; (2) 原有(包括保留和拟拆除的)建筑物、铁路、道路、桥涵、围墙的可见轮廓线; (3) 坐标网格、图例线、尺寸线、尺寸界线、引出线、索引符号等
虚线	粗		新建建筑物的不可见轮廓线
	中		(1) 计划扩建建筑物、预留地、铁路、道路、桥涵、围墙、运输设施、管线的轮廓线; (2) 洪水淹没线
	细		原有建筑物、铁路、道路、桥涵、围墙的不可见轮廓线
单点长画线	粗		露天矿开采边界线
	中		土方填挖区的零点线
	细		分水线、中心线、对称线、定位轴线
折断线	细		断开界线
波浪线	细		断开界线

2. 比例

绘制建筑施工总平面图采用的比例,如表4-4所示。

表4-4　建筑施工总平面图比例的规定

名称	比例
地理、交通位置图	1 : 25000、1 : 200000
总体规划、总体布置、区域位置图	1 : 2000、1 : 5000、1 : 10000、1 : 25000、 1 : 50000
建筑总平面图、竖向平面图、管线综合图、土方图、 排水图、铁路或道路平面图、绿化平面图	1 : 500、1 : 1000、1 : 2000
铁路、道路纵断面图	垂直:1 : 100、1 : 200、1 : 500 水平:1 : 1000、1 : 2000、1 : 5000
铁路、道路横断面图	1 : 50、1 : 100、1 : 200、1 : 1000
场地断面图	1 : 100、1 : 200、1 : 500、1 : 1000

3. 计量单位及坐标注法

建筑总平面图中的坐标、标高、距离宜以米(m)为单位,并应至少取至小数点后两位,不足时以0补齐。详图宜以毫米(mm)为单位,如不以毫米为单位,应另加说明。

总图按上北下南的方向绘制。根据场地形状或布局,可向左或向右偏转,但不宜超过45°。建筑施工总平面图中应绘制指北针或风向玫瑰图。

在占地较小的建筑施工总平面图中,图中的建筑朝向用指北针来表示。在占地较大的建筑施工总平面图中，为了总体规划的需要，要画出风向频率玫瑰图，简称风玫瑰图。

4. 定位轴线

建筑施工总平面图中的定位轴线是施工定位、放线的重要依据，凡是承重墙、柱子等主要承重构件，都应画上轴线，并注明编号确定其位置。定位轴线的画法及编号规定如下。

（1）定位轴线应用细单点长画线绘制。

（2）定位轴线应编号，编号应注写在定位轴线端部的细实线圆内，其直径为 8 ～ 10mm。

（3）建筑施工总平面图上的定位轴线的编号，宜标注在图样的下方与左侧。横向编号应用阿拉伯数字，从左至右顺序编写；竖向编号应用大写英文字母，从下至上顺序编写（I、O、Z 不得用作轴线编号）。

（4）对于一些非重要承重墙、柱子等构件的定位，可用附加轴线形式表示，并应按下列规定编号。

① 两个轴线间的附加轴线的编号，应以分数形式表示，其中分母表示前一根轴线的编号，分子表示附加轴线的编号，附加轴线的编号宜用阿拉伯数字顺序编写。

② A 号轴线或 1 号轴线之间的附加轴线的编号，分母应以 0A 或 01 表示。

5. 标高

我国将青岛附近黄海的平均海平面定为绝对标高的零点，其他各处的绝对标高就是以该零点为基点所量出的高度。它表示出了各处的地形以及建筑与地形之间的高度关系。

（1）应以含有 ±0.00 标高的平面作为总平面图。

（2）建筑施工总平面图中标注的标高为绝对标高，如标注相对标高，则应注明相对标高与绝对标高的换算关系。

（3）建筑施工总平面图上的室外标高符号，宜用涂黑的小圆圈或三角形来表示。

6. 房屋层数表示

建筑施工总平面图上的建筑物、构筑物应注写名称，名称宜直接标注在图上。当图样比例小或图面没有足够的位置时，也可编号列表标注在图内。当图形过小时，可标注在图形外侧附近处。

7. 其他

（1）厂矿铁路、道路的曲折转折点，应用代号 JD 后加阿拉伯数字（如 JD1、JD2）顺序编号。

（2）一个工程中，整套总图图纸所注写的场地，建筑物等名称应统一。

4.2.2 图例

在建筑施工总平面图上，用地范围内所包含的建筑物、构筑物等内容，如新、旧建筑，道路、桥梁、绿化、河流等，一般用图例来表示，如图 4-4 和图 4-5 所示。

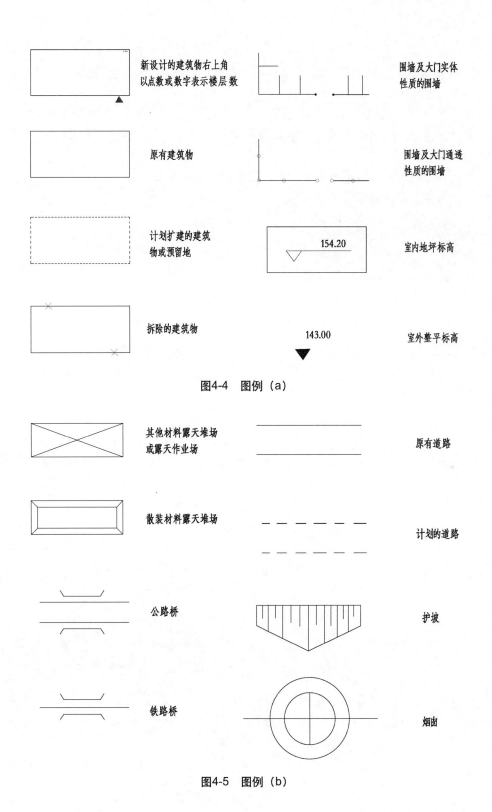

新设计的建筑物右上角以点数或数字表示楼层数

围墙及大门实体性质的围墙

原有建筑物

围墙及大门通透性质的围墙

计划扩建的建筑物或预留地

室内地坪标高 154.20

拆除的建筑物

室外整平标高 143.00

图4-4 图例（a）

其他材料露天堆场或露天作业场

原有道路

散装材料露天堆场

计划的道路

公路桥

护坡

铁路桥

烟囱

图4-5 图例（b）

4.2.3 建筑施工总平面图的绘制内容

（1）注明图名、比例。

（2）用图例表示出新建或扩建区域的总体布局，注明各建筑物和构筑物的位置、层数、道路、广场、绿化等的布置情况。

（3）确定新建或扩建工程的具体位置，注明坐标或定位尺寸，注明新建建筑物的总长、总宽的尺寸；新建建筑之间，新建建筑与原有建筑之间以及与道路、绿化等之间的距离、标注尺寸以米为单位，标注到小数点后两位。

（4）注明新建房屋底层室内地面和室外整平地面的绝对标高。

（5）画出风玫瑰图或指北针。

课堂讨论

1. 在建筑总平面图中标高的单位是什么？

2. 建筑图纸中定位轴线的作用是什么？绘制时需要把握哪些原则？

4.3 建筑施工平面图及绘制

本节主要介绍建筑施工平面的相关知识及绘制。

4.3.1 建筑施工平面图

建筑施工平面图（除屋顶平面图以外）是房屋的水平剖面图（见图4-6），是假想用水平剖切面在门窗洞口处把整幢房屋剖开，移去上面部分后向水平面正投影所得的水平剖切图，一般称为平面图。

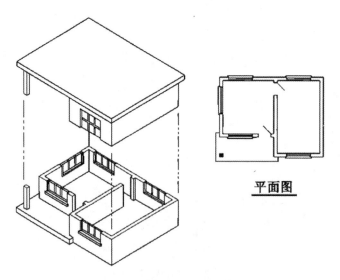

平面图

图4-6　建筑平面图的形成

　　建筑在地面上最底层的平面图称底层平面图（见图4-7），或称一层平面图；中间层平面图是过该层门窗洞口的水平剖切面与其下一层过门窗洞口的水平剖切面之间的一段水平投影，当中间各层布局完全相同时，可用一个平面图来代表，这个平面图就叫作标准层平面图；而当中间有些楼层平面局部不相同时，则只需画出该局部的平面图；顶层平面图是过顶层门窗洞口的水平剖切面与下一层过门窗洞口的水平剖切面之间的一段水平投影。

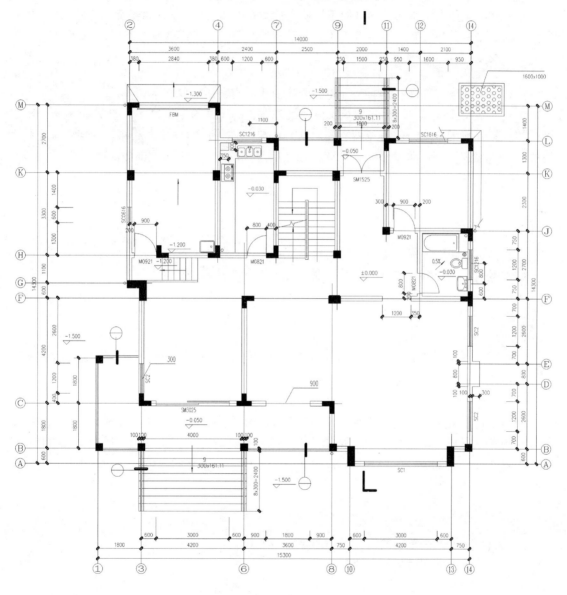

底层平面　1：60

图4-7　底层平面图

4.3.2 建筑施工平面图的绘制内容

建筑施工平面图的绘制内容归纳为三部分。

1. 平面图样

（1）用粗实线和规定的图例表示剖切到的建筑实体的断面，如墙体、柱子、门窗、楼梯等。

（2）用细实线表示剖切方向（向下）所见的建筑构配件，如室内楼地面、明沟、卫生洁具、台面、踏步、窗台等。有时楼层平面还应表示室外的阳台、下层的雨篷和局部屋面。

2. 定位与定量

（1）定位轴线：以横、竖两个方向的墙体轴线形成平面定位网格。

（2）标注尺寸：其中，标注建筑实体或配件大小的尺寸为定量尺寸，如墙体、柱子断面、台面的长宽、地沟宽度、门窗宽度、建筑物外包总尺寸等；而标注上述建筑实体或配件位置的尺寸则为定位尺寸，如墙与墙的轴线间距、墙身轴线与两侧墙皮的距离、地沟内壁距墙皮或轴线的距离等。

（3）竖向标高：楼面、地面、高窗及墙身留洞高度等需加注标高，用以控制其垂直定位。

3. 标示与索引

（1）标示：图样名称、比例、房间名称、指北针、车位示意等。

（2）索引：门窗编号、放大平面和剖面及详图的索引等。

在施工过程中，建筑的放线、砌墙墙体、安装门窗、内部的装修以及编制概预算等都要依据平面图，平面图是建筑施工图的主要图纸之一。

楼梯平面：（梯段上的踏步数 -1）× 踏步宽度 = 梯段的水平投影长度

楼梯平面图是从本层地面或楼面与本层的中间休息平台板之间的门窗洞口处，做水平剖切得到的正投影图，其主要表示出梯段的水平投影长度、宽度、各级踏步的宽度，栏杆扶手的位置以及材料和做法，另外，在图上要用箭头表示上、下行的方向，并标注梯段的水平投影长度。

课堂讨论

1. 建筑施工平面图中需要绘制哪些内容？
2. 建筑施工平面图是如何形成的？

4.4 建筑施工立面图及绘制

本节主要介绍建筑施工立面图的相关知识及绘制。

4.4.1 建筑施工立面图

将建筑的各个墙面分别向与其平行的投影面进行投影，所得到的投影图为立面图。立面图反映了建筑的外貌特征，通常将反映建筑主要出入口或较显著地反映建筑特征的那个立面图，称为正立面图，以此为准，其余外墙面的投影分别称为背立面图、左侧立面图、右侧立面图；也可用建筑外墙面的朝向来命名，如东立面图、西立面图、南立面图、北立面图等（见图4-8）；还可以用轴线来表示建筑的各外墙立面，国家制图标准规定，有定位轴线的建筑物，宜根据两端定位轴线编号标注立面图名称，如1-7立面图、A-E立面图等（见图4-9）。如平面形状曲折的建筑物，可绘制展开立面图；平面为圆形或多边形的建筑物，可分段绘制展开立面图，但均应在图名后加注"展开"二字。

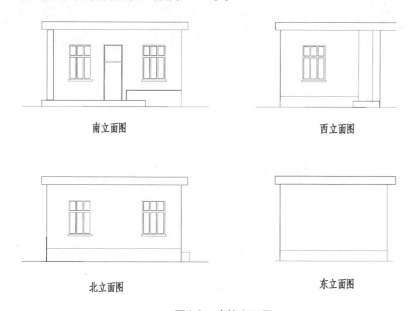

图4-8 建筑立面图

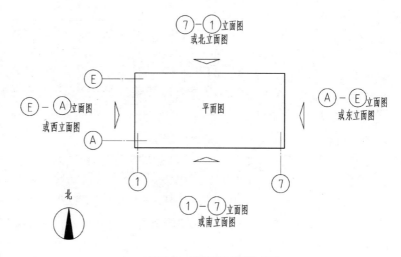

图4-9 建筑立面图的名称

4.4.2 建筑施工立面图的绘制内容

建筑施工立面图的绘制内容如下所述。

1. 建筑施工立面图样

（1）用粗实线表示建筑的外轮廓线。

（2）用细实线表示所见的建筑构配件，如女儿墙、檐口、柱、室外楼梯和垂直爬梯、室外空调机搁板、阳台、栏杆、台阶、坡道、门头以及其他装饰构件、线脚和粉刷分格线等。

2. 标高与尺寸

（1）关键处标高：屋面檐口或女儿墙、室外地面、主入口。

（2）标注尺寸：标注装饰构件、线脚的尺寸等。

3. 标示与索引

（1）标示：两端轴线、图名、比例等。

（2）索引：构造详图索引、饰面用料等。

4. 其他

建筑施工立面图中不得加绘阴影和配景（如数目、车辆、人物等），前后立面重叠后，前者的外轮廓线宜向外侧加粗，以示区别，如图4-10和图4-11所示。

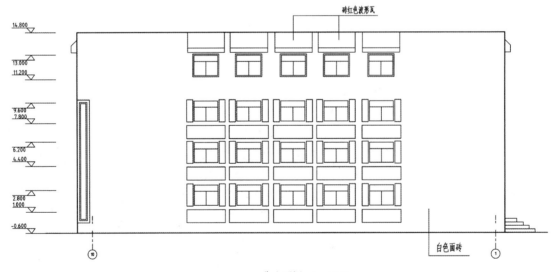

北立面图 1:100

图4-10　建筑施工北立面图

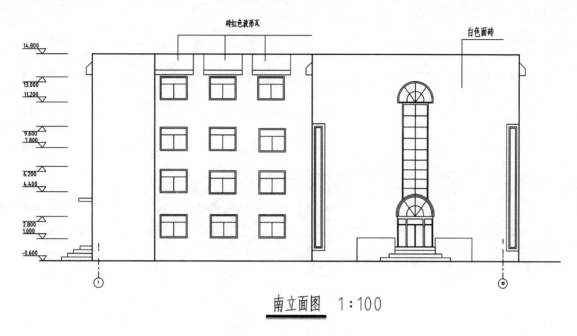

砖红色波形瓦

白色面砖

14.800

13.000
11.200

9.600
7.800

6.200
4.400

2.800
1.000

-0.600

① ⑩

南立面图 1:100

图4-11 建筑施工南立面图

课堂讨论

1. 建筑施工立面图在绘制中都需要标注哪些内容?
2. 建筑施工立面图在绘制过程中需要注意哪些问题?

4.5 建筑施工剖面图及绘制

本节主要介绍建筑施工剖面图的相关知识及绘制。

4.5.1 建筑施工剖面图的形成、名称及图示方法

建筑施工剖面图(见图4-12)是表示建筑物在垂直方向的各部分的尺度和组合。在建筑剖面图中,可以看到建筑物剖切面所在位置的层数和层高,垂直方向建筑空间的组合利用,以及主要结构形式、构造方式或做法等(如屋顶形式、屋顶坡度、檐口形式、楼板搁置方式、楼梯的形式及其结构、构造方式、内外墙与其他构配件的构造方式等)。

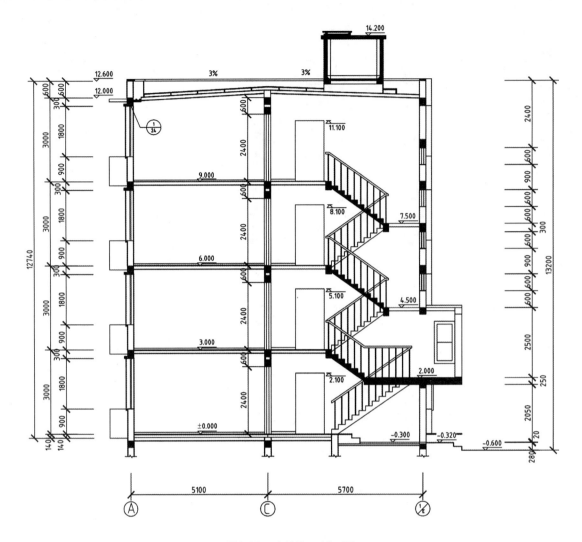

图4-12　建筑施工剖面图

4.5.2　建筑施工剖面图的绘制内容

建筑施工剖面图的绘制内容归纳为三部分。

1．建筑施工剖面图样

（1）建筑施工剖面图的剖切部位根据图纸的用途或设计深度，在平面图上选择能反映全貌、构造特征以及有代表性的部位剖切。

（2）各种建筑施工剖面图应按直接正投影法绘制。

（3）用粗实线和图例表示剖切到的建筑实体部分，如室外地面、墙身、楼面、屋面、门窗、楼梯、阳台等。

（4）用细实线画出剖视方向可见的室内外建筑配件的轮廓线，如梁、柱、门窗、坡道等。

2. 标高与尺寸

（1）标高：标注主要结构和建筑构造部件的标高，如室内外地面、楼面（含地下层）、屋面板、吊顶、女儿墙等。

（2）标注尺寸：主要是标注高度尺寸。外部高度尺寸是指门窗洞口高、女儿墙或檐口高、层间尺寸、室内外高差、总高度（三道尺寸）。内部高度尺寸是指吊顶、洞口、内墙、地沟深度等。

3. 标示与索引

（1）标示：标示两端和高度变化处的轴线、图名、比例等。
（2）索引：索引节点、构造详图。

 小贴士

剖面图的剖切部位应在底层平面图中表示出来，一般剖切位置应选择在能反映全貌、构造特征以及有代表性的部位，如选择通过门、窗洞和楼梯以及层高、层数变化较大处，其数量视建筑物的复杂程度而定。

课堂讨论

1. 建筑施工剖面图的作用是什么？
2. 建筑施工剖面图在绘制及识图过程中需要注意哪些问题？

4.6 建筑施工详图及分类

本节主要介绍建筑施工详图的相关知识及分类。

4.6.1 建筑施工详图概述

建筑施工详图是建筑细部的施工图，因为建筑平、立、剖面图一般采用较小的比例绘制，因而某些建筑构配件（如门、窗、楼梯、阳台、装饰等）和某些剖面节点（如檐口、窗顶、窗台、明沟等）部位的式样，以及具体的尺寸、做法和用料等都不能在这些图中表达清楚，根据施工需要，必须另绘制比例较大的图样，才能表达清楚，这种图样为建筑详图。

建筑施工详图（见图4-13）可以是平面图、立面图、剖面图中某一局部的放大，也可以是某一断面、某一建筑节点或某一构件的放大图。因此，建筑施工详图是平面图、立面图、剖面图的补充。对于套用标准图或用详图标注构配件和剖面节点，只要注明所套用图集的名称、编号和页码，则可不必再画建筑施工详图。建筑施工详图的特点是比例大、尺寸标注齐全、文字说明详尽。

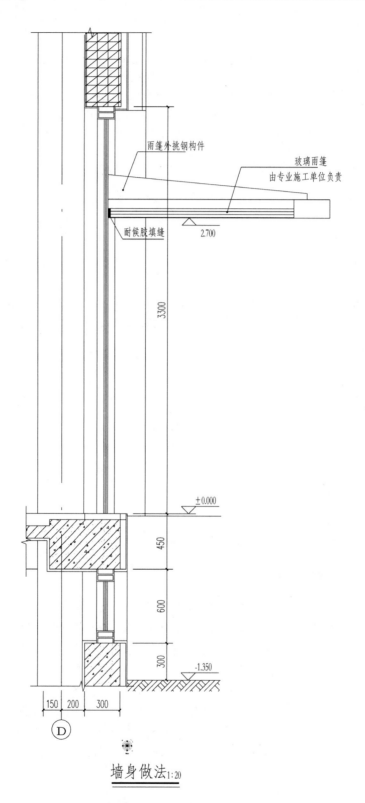

雨篷外挑钢构件

玻璃雨篷
由专业施工单位负责

耐候胶填缝

2.700

3300

±0.000

450

600

300

-1.350

150 200 300

D

墙身做法 1:20

图4-13 建筑施工详图

4.6.2 建筑施工详图的分类

1. 构造建筑施工详图

构造建筑施工详图是指屋面、墙身、墙身内外饰面、吊顶、地面、地沟、地下工程防水、楼梯等建筑部位的用料和构造做法，其中大多数都可直接引用或参见相应的标准图，否则应画节点详图。

2. 配件和设施建筑施工详图

配件和设施建筑施工详图是指门、窗、幕墙、预测设施、固定的台、柜、架、牌、桌、椅、池等的用料、形式、尺寸和构造（活动设备不属于建筑设计范围）。门、窗、幕墙只需提供形式、尺寸、材料要求，由专业厂家负责进一步设计、制作和安装。

3. 装饰建筑施工详图

装饰建筑施工详图是指为美化室内外环境和视觉效果，在建筑物上所做的艺术处理，如花格窗、柱头、壁饰、地面图案的纹样、用材、尺寸和构造等。

4.6.3 楼梯

楼梯是建筑中连接上下空间的主要设施，通常采用现浇或预制钢筋混凝土楼梯，也有钢结构、木质等材料建造的。

1. 楼梯的组成

楼梯一般由楼梯段、楼梯平台、楼梯踏步、栏杆扶手等部分组成。

（1）楼梯段。楼梯段是用于连接上下两个平台之间的倾斜承重构件，它是由若干个踏步组成的。每个楼梯段的踏步数为了保证安全应不少于 3 步，为了防止疲劳应不超过 18 步。楼梯段的最大坡度不宜超过 38 度，即踏步高 / 踏步宽 ≤ 0.7813，供少量人流通行的内部交通楼梯，比值可适当放宽。

（2）楼梯平台。楼梯平台包括楼层平台和中间平台两部分。连接楼板层与楼段端部的水平构件，称为楼层平台，平台面标高与该层楼面标高相同。位于两层楼（地）面之间连接楼梯段的水平构件，称为中间平台，其主要作用是减少疲劳，故也称休息平台，它也起转换梯段方向的作用。

楼梯中间平台深度≥楼梯梯段宽度。

楼梯平台（见图 4-14）部位的净高不小于 2000mm，楼梯段的净高不小于 2200mm，楼梯段最底、最高的前缘线与顶部突出物的内边缘线的距离不应小于 300mm。

（3）楼梯踏步。楼梯踏步的高度不宜大于 210mm，一般不宜小于 140mm，各级踏步高度均应相同。楼梯踏步的宽度一般采用 220mm、240mm、260mm、280mm、300mm、320mm。

（4）栏杆扶手。栏杆是布置在楼梯梯段和平台边缘处有一定刚度和安全度的围护构件。扶手附设于栏杆顶部，供作依扶用。扶手也可附设于墙上，称为靠墙扶手。

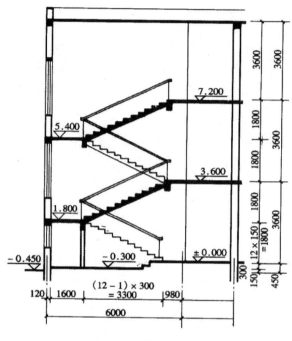

图4-14 楼梯平台剖面图

2. 楼梯剖面图

梯段上的踏步数 × 踢面高度 = 梯段的高度

楼梯剖面图表示出各梯段的踏步级数、每级踏步的踏面宽度和踢面高度、楼梯与各层平台及楼面之间的关系，并注明梯段的高度。

课堂讨论

1. 建筑施工详图如何进行分类？

2. 楼梯详图包含哪些内容？在绘制过程中需要注意哪些问题？

4.7 门窗图表

门窗大样图（见图4-15）主要用以表达对厂家的制作要求，同时也供土建施工和安装使用。门窗详图应当按类别集中顺序号绘制，以便不同的厂家分别进行制作。例如，木门窗与铝合金门窗是由两个厂家分别加工的。

常用的门窗框料有木材、铝合金、塑钢、彩色钢板等。

除以上内容外，门窗的设计编号建议按功能、材质或特征分类编排，以便于分别加工和增减樘数。

（1）常用门窗的类别代号列举如下。

木门——MM；钢门——GM；塑钢门——SGM；铝合金门——LM；卷帘门——JM；防盗门——FDM；防火门——FM；防火卷帘门——FJM。

木窗——MC；钢窗——GC；铝合金窗——LC；木百叶窗——MBC；钢百叶窗——GBC；铝合金百叶窗——LBC；塑钢窗——SGC；全玻无框窗——QBC。

幕墙——MQ。

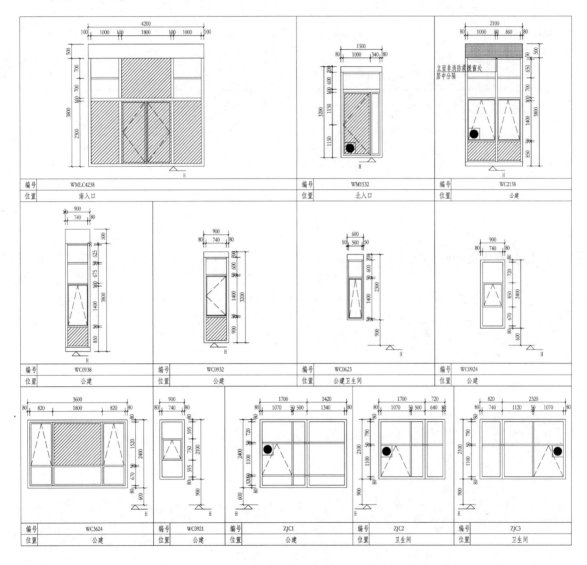

图4-15 门窗大样图

（2）门窗表是建筑施工图中所有门窗的汇总与索引，目的在于方便土建施工制作，如表4-5所示。

表4-5　门窗表

类别	设计编号	洞口尺寸		樘数	采用标准图集及编号	备注
		宽	高			
门						
窗						

注意：采用非标准图集的门窗应绘制门窗立面图及开启方式。

课堂讨论

1.门和窗在施工图中用什么符号进行表示？

2.什么是门窗大样图？图中主要包含哪些内容？

本章内容对建筑基础知识、建筑施工图绘制与识图等知识进行了梳理和总结，要在充分理解各个知识点的基础上，将所学相关知识运用到识图及建筑图纸的绘制中，注意各种制图符号及图线在图纸中的合理运用，提高识图效率及准确性。

1.剖面图与断面图的主要区别有哪些？

2.通过本章的学习，对于建筑施工制图的相关知识有了一定的了解，请总结一下在识读建筑施工相关图纸过程中有哪些注意事项？建筑施工图纸中常用的图例及图线样式有哪些？如何在图纸中进行应用？

1.根据课程所学内容，请完成图4-16所示的图样的临摹绘制。

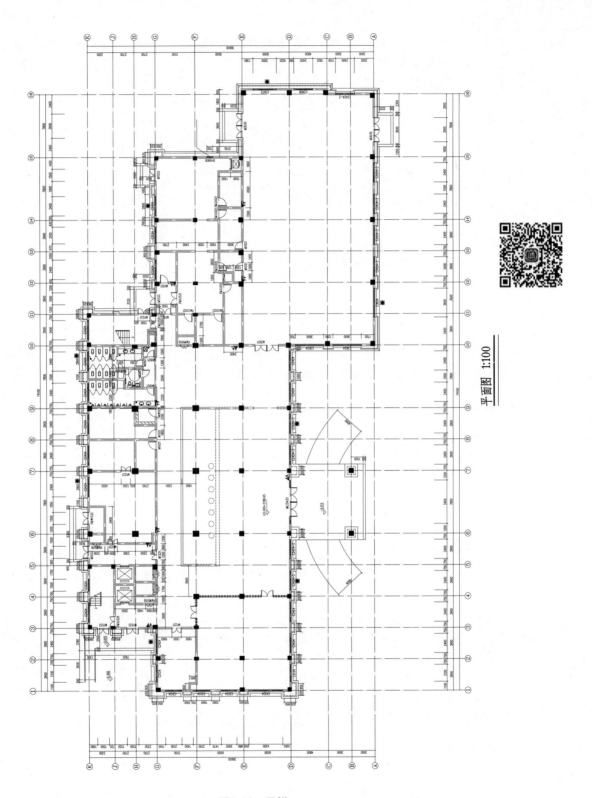

平面图 1:100

图4-16 图样

2. 请完成以下试题。

(1) 可判断该层为 _____ 层平面，建筑物的朝向是 _____；

(2) 列举该层窗的编号及宽度 _____、_____；

(3) 该建筑中共有 _____ 间客房；

(4) 该建筑共有 _____ 个出入口。

第5章

景观工程制图

学习要点及目标

通过本章的学习让学生了解景观制图的基本内容及相关要求；掌握景观构成要素的特点并能熟练运用到相关设计中；能够正确识读景观工程图。

本章导读

设计阶段所需要的具体图纸内容并没有明确的规定，需要根据项目的复杂程度、甲方的要求等情况而确定，一般一套完整的图纸包含景观设计总平面图、现状分析图、功能分区图、道路系统设计图、竖向设计图、景观工程施工图、植物种植施工图等，实际工作中依据需要适当增减。

5.1 景观工程图的内容及其要求

本节主要介绍景观设计总平面图、现状分析图、功能分区图、道路系统设计图、竖向设计图、景观设计分析图等图样的相关知识。

5.1.1 景观设计总平面图

1. 景观设计总平面图的内容

景观设计总平面图是设计范围内所有造园要素的水平投影图，它能表明在设计范围内的所有内容（地形、建筑、道路、广场、植物、水体等各种构景要素），是在满足人们物质及精神生活需求的前提下，结合场地自然条件合理布局，使各景观要素成为统一的有机整体，并与城市规划和国家交通运输网络相协调。它是景观设计的最基本图纸，能够全面地反映设计的总体思想及设计意图，是绘制其他景观图纸及进行施工、管理的主要依据。

一般情况下，景观设计总平面图所需表现的内容如下。

1）文字

（1）标题。景观设计图纸中通常在显要部位列出设计项目及图纸名称，除了起到说明作用之外，标题还应具有一定装饰效果，但在书写时注意可识别性和整体性。

（2）设计说明。在图纸中需要针对设计方案进行简要的阐述，内容包括设计项目定位、设计理念、设计手法等。

（3）设计指标与参数。在总平面图中还需要列出设计方案中所涉及的一系列指标与参数，如经济技术指标、用地平衡等。

（4）图例表。图中一些自定义的图例及其对应的含义。

2）环境图

表现设计地段所处的位置，在环境图中标示出设计地段的位置、所处的环境、周边用地情况、交通道路情况等。有时会和现状分析图结合，在总平面图中可以省略。

3）设计图纸

（1）规划用地的现状和范围。

（2）对原有地形、地貌的改造和新的规划。注意在总体规划设计图上出现的等高线均表示设计地形，对原有地形不进行表示。

（3）依照比例表示出规划用地范围内各景观组成要素的位置和外轮廓线。

（4）反映规划用地范围内景观植物的种植位置。在总体规划设计图纸中，景观植物只要求分清常绿、落叶、乔木、灌木即可，不要求表示出具体的种类。

4）其他

图纸中其他说明性标示和文字，如指北针（见图5-1）、比例尺等。

此外，由于景观设计总平面图表达的是总体设计内容，一般范围较大，因此，只有在工程较简单的情况下上述内容可以合并于一张图纸，否则，还需分项绘制各子项目的平面图，如绿化总平面图、综合管网总平面图等。

某园区规划设计总平面图，如图5-2所示。

图5-1 指北针

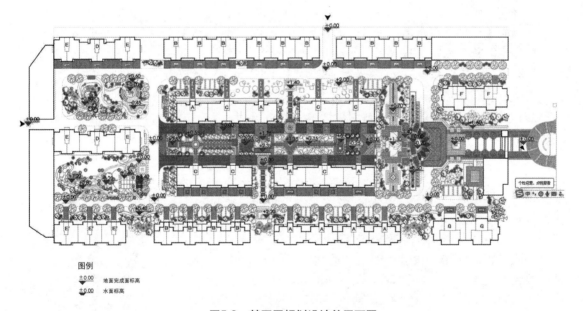

图例
±0.00 地面完成面标高
±0.00 水面标高

图5-2 某园区规划设计总平面图

2. 景观设计总平面图的绘制要点

1）选择合适的比例，布局合理

景观设计总平面图的设计比例应根据设计用地范围的大小和设计内容的复杂程度进行选择。一般设计范围大而内容相对简单的项目，可以选择较小比例；设计范围小而内容相对复杂的项目，可以选择较大比例。在绘制前也要依据出图要求确定适宜的图幅，然后再确定绘图比例，常用比例为 1 : 500、1 : 1000、1 : 2000 等。

景观设计总平面图中包含图纸、文字、标题、表格等，所以在绘制过程中要注意图纸各组成部分的布局，充分合理利用图纸空间。

2）绘制各种景观要素的水平投影

景观设计总平面图中主要表达地形、道路系统、景观建筑、植物、山体水系等元素。其中，地形主要用等高线表达，并标注设计高程。设计地形等高线用实线绘制，原有地形等高线用虚线绘制；建筑用粗实线绘制其外部轮廓；植物用图例进行表达；水体驳岸用粗实线绘制；山石用粗实线绘制外部轮廓。

3）标注定位尺寸或坐标网

景观设计总平面图中的定位方式有以下两种。

（1）一种是根据原有景物定位，标注新设计的主要景物与原有景物之间的相对距离。

（2）另一种是采用直角坐标网定位。直角坐标网分为建筑坐标网及测量坐标网两种标注方式。建筑坐标网是以工程范围内的某一固定点作为相对"0"点，再按一定距离画出网格，一般情况下水平方向为 D 轴，垂直方向为 A 轴，便可确定网格坐标。测量坐标网是根据造园所在地的测量基准点的坐标，确定网格的坐标，水平方向为 y 轴，垂直方向为 x 轴，坐标网格一般用细实线绘制。

4）编制图例说明

在景观设计总平面图中一般情况下总平面图的比例较小，因此，设计者不可能以真实大小将构思中的各种造园要素表达于图纸上，而是采用一些经国家统一制定或约定俗成的简单而形象的图形来概括表达其设计意图。这些简单而形象的图形称为图例。

为了方便阅读，在景观设计总平面图中要求在适当位置对图纸中出现的图例进行标注，注明其含义。为了使图面清晰，对图中建筑应予以编号，一般情况下建筑的编号用英文字母 A、B、C、D 等表示，然后再注明相应的名称。由于在景观设计总平面图中不要求区分植物的品种，因此，不用编制景观植物配置表。

5）编写设计说明

设计说明是通过文字对设计思想和艺术效果进行进一步表达，或者起到对图纸内容补充说明的作用。另外，对于图纸中需要强调的部分以及未尽事宜也可用文字进行说明。例如，影响到景观设计而图纸中却没有反映出来的因素，如地下水位、当地土壤状况、地理、人文等情况。

6）绘制比例、风玫瑰图或指北针，注写标题栏

（1）比例尺分为数字比例尺和线段比例尺，为便于阅读，景观设计总平面图中宜采用线段比例尺。

（2）风玫瑰图也称风向频率玫瑰图（见图 5-3），是根据当地多年统计的各个方向、吹风次数的平均百分数值，再按一定比例绘制而成。景观设计总平面图和现状图，应标绘指北针和风向玫瑰图。详细平面图可不绘制风向玫瑰图。指北针常与其合画在一起，用箭头方向表示北。

图5-3 风玫瑰图

5.1.2 现状分析图

现状分析是景观设计首先需要完成的工作，它是设计工作的切入点，是设计意向的产生基础，其分析是否到位直接关系到方案的可行性、科学性及合理性。

1. 现状分析图的内容

在现状分析图中通过各种符号表现基地现有条件，通常从以下几个方面进行分析。

1）自然因素

地形、气候、土壤、水文、主导风向、噪声及气象资料等。还要对基底的植被状况进行调研和记录，尤其是一些需要保留下来的大树一定要做好标记，以便在设计过程中加以标注和合理保护。

2）人工因素

（1）人工设施：保留的建筑物、构筑物、道路、广场及地下管网等。

（2）人文条件：历史地段位置分析、历史文化环境分析等。

（3）服务对象：人群行为心理的分析。

（4）甲方要求：设计任务书内容。

（5）用地情况：基地内各个地段使用情况。

（6）视觉因素：对基地周边环境的视觉效果进行有效评价，以及基地内透景线、制高点的评价等。

（7）比例尺、指北针、图例表等。

2. 现状分析图的绘制要点

1）自然因素

（1）地形：可利用地形图进行相关分析。

（2）植物：如果基地植被较为复杂，需要保留的树木较多，可以单独绘制一张种植现状图。如果较为简单则可与其他现状因子结合分析。在分析植被种植情况时一定要标注清楚树木种类、规格及生长状况，必要时可以结合表格加以记录。

（3）气候、水文、风向等可以依据调查到的资料运用专用图例进行记录。

2）人工因素

（1）人工设施：基地中的建筑物、构筑物等。

（2）视觉要素：通常利用圆点表示驻足点或观赏点，用箭头表示观赏方向，并可结合文字进行景观观赏效果分析。

（3）其他人工因素，如人文景观、服务对象等都可采用不同的填充图案或图线表现。

一张现状分析图往往是多种因素的综合分析，在图中一定要对符号进行说明，并在适当的位置进行文字注释，还可以结合现场图片进行说明。图5-4是某广场的现状分析图，图中对广场所处环境及基地内部情况进行了分析。

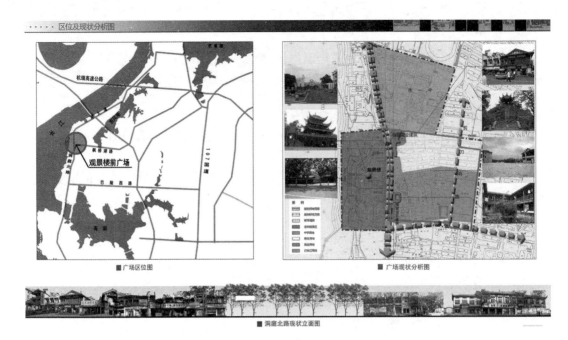

图5-4　某广场现状分析图

5.1.3　功能分区图

对于较复杂的工程，应采用分区的方式将整个工程分为若干区域。在景观设计中分区的形式多种多样，通常按照使用功能进行分区，称为功能分区图（见图5-5）；也可以按照使用人群进行分区，如老年活动区、儿童活动区等。分区范围的表达方式并不唯一，常用"泡泡图"法，也就是每一分区的范围都用圆圈表示，圆圈代表分区的位置，但并不反映真实大小。在圆圈内可以填充颜色或图案，并标注分区名称。也可以用粗实线或者单点长画线绘制分区边界线，同样也需要标注分区名称。

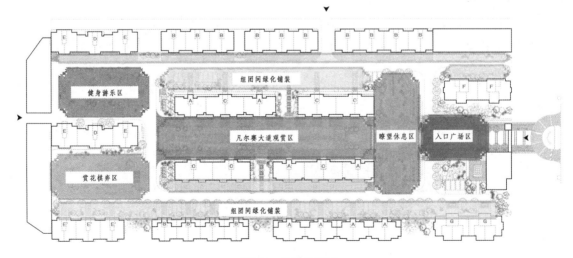

图5-5　功能分区图

5.1.4 道路系统设计图

道路系统设计图应包含道路系统图、道路断面图及道路铺装图。

1. 道路系统图

利用不同线宽和颜色的图线表示不同等级的道路，并标注主要出入口、地下停车库出入口、停车区域及各个道路节点，如果有广场需要标注广场的位置及名称。除此之外，还需要标注指北针、比例尺、图例及必要的文字说明，如图5-6所示。

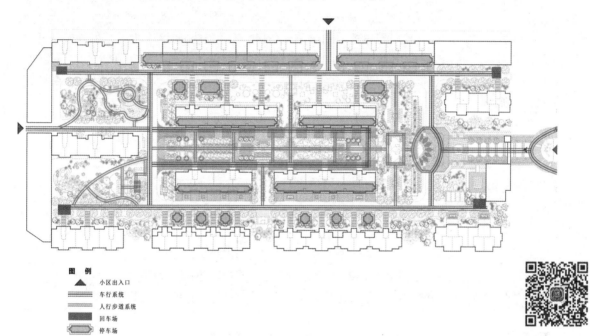

图5-6　道路系统图

2. 道路断面图

道路断面图表现为道路的横坡、纵坡、道路宽度及绿化带的布局形式，如图5-7所示。

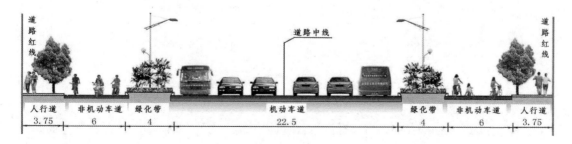

图5-7　道路横断面图

3. 道路铺装图

道路铺装图中应包含铺装材料的材质、颜色及加工工艺，道路边石的材料、颜色等，铺装图案放样图等。

5.1.5 竖向设计图

竖向设计是指与水平面垂直方向的设计，亦称竖向规划，是规划场地设计中一个重要的有机组成部分，它与规划设计、总平面布置密切联系且不可分割。当地域范围大、在地形起伏较大的场地，功能分区、路网及其设施位置的总体布局安排上，除需满足规划设计要求的平面布局关系外，还受到竖向高程关系的影响。所以，在考虑规划场地的地形利用和改造时，必须兼顾总体平面和竖向的使用功能要求，统一考虑和处理规划设计与实施过程中的各种矛盾与问题，才能保证场地建设与使用的合理性、经济性。做好场地的竖向设计，对于降低工程成本、加快建设进度具有重要的意义。

要掌握竖向设计图纸的绘制及识别，必须具备有关测量学的基本知识，如等高线、标高等。

竖向设计（见图5-8）是指景观中各个景点、设施及地貌等在高程上如何创造高低变化和谐统一的设计，它是景观工程土方调配和地形改造施工的主要依据，也是景观总体设计的一项重要内容。

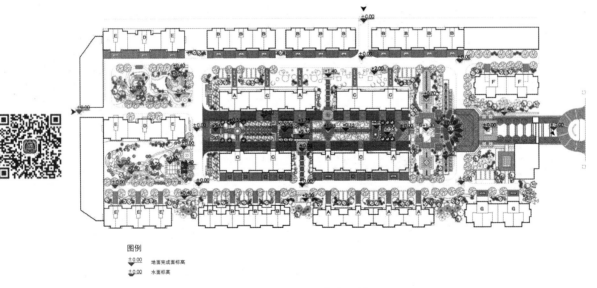

图5-8　竖向设计

竖向设计主要包括以下内容。

（1）进行场地地面的竖向布置（标高）：建筑物、构筑物的室内标高；场地内的道路和道牙标高、广场控制点标高、绿地标高、小品地面标高、水景标高；道路转折点、交叉点、起点及终点的标高；确定场地排水沟和雨水算子的标高及主要排水方向等。

（2）地形等高线及其标高。

（3）地形剖切断面图或者地形轮廓线图。

（4）用坡面箭头表达地面及绿地内排水方向，对于道路或者广场应标注出排水的坡度。

（5）图名、指北针、比例尺。

5.1.6 景观设计分析图

1. 景观设计分析图的内容

（1）景观设计意向及理念的分析。

（2）景区的划分。

（3）景观序列的组织，主要景观及主要景观的局部效果图、立面图等。

（4）图名、比例尺、图例表及必要的文字说明。

图 5-9 是某居住区景观空间结构的分析图示例，仅供参考。

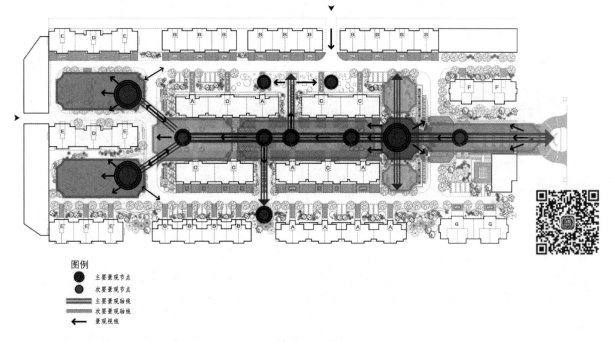

图5-9 景观空间结构分析

2. 景观设计分析图的绘制要求

（1）通过文字或者图例符号说明景观设计理念以及设计理念产生的源泉。

（2）利用文字标示各个景点的名称，并结合局部效果图构筑这一景观的立体效果，可以利用引线标示局部效果在平面中的位置。

课堂讨论

1. 景观设计分析图主要包含哪几部分图纸？

2. 景观设计分析图的作用及价值？主要分析哪些内容？

5.2 景观设计构景要素的表达

景观设计四大构景要素是山、水、植物和建筑，除此之外还有道路、铺装、小品等。在本行业内部也有着特殊的表达规定，相关具体要求可以参考《风景园林制图标准》（CJJ/T 67—2015）。

5.2.1 地形的表达

地表以上分布的固定性物体共同呈现出的高低起伏的各种状态称为地形。景观设计师通常利用种种自然设计要素来创造和安排室内外空间以满足人们的需求和享受。在运用这些要素的时候，地形是最重要的，它是诸多要素的基底和依托，是构成整个景观的骨架。从风景区范围而言，地形包括平原、高原、丘陵、盆地及山地等，这些地表类型一般称为"大地形"；从园林范围而言，地形包含台地、坡地、台阶或广场等，一般称为"小地形"，这些小地形中，起伏最小的叫"微地形"。

在景观设计中，地形有很重要的意义，因其直接联系着众多的环境因素和环境外貌，且对景观的其他设计要素的作用和重要性起着支配性作用。风景园林师独特和显著的特点之一就是具有灵敏地利用地形和熟练地使用地形的能力。

自然界的地形变化非常丰富，常见的地形地貌有以下几种。掌握这些常见的地形地貌不仅对今后的地形设计至关重要，而且对测绘和使用地形图进行识图也具有重要意义。

1. 常见地形

1）山头

高于四周凸起的地形称为山头。山头的最高点称为山顶，山头的侧面叫山坡，山头的等高线是一组围绕山顶、自行闭合的曲线，曲线的高程由外向里递增，如图 5-10（a）所示。

2）山脊

向一个方向延伸的梁形高地称为山脊。山脊的最高棱线叫山脊线或分水线。山脊的等高线是向着下坡方向凸出的曲线，如图 5-10（b）所示。

3）山谷

相邻两山脊之间的低落部分称为山谷。山谷是向一个方向延伸的低地，山谷最低点的连线称为山谷线或汇水线。山谷的等高线是向着上坡方向凸出的曲线，如图 5-10（c）所示。

4）鞍部

两山头之间相对低落部分的马鞍形地貌称为鞍部。鞍部的等高线是两个山头和两个山谷等高线对称组合而成的，如图 5-10（d）所示。

5）悬崖

高而陡直的山崖称为悬崖。悬崖的等高线非常密集，有时甚至重合，如图 5-10（e）所示。悬崖的等高线也可以利用我们的双手对地形的相关概念进行理解，如图 5-11 所示。

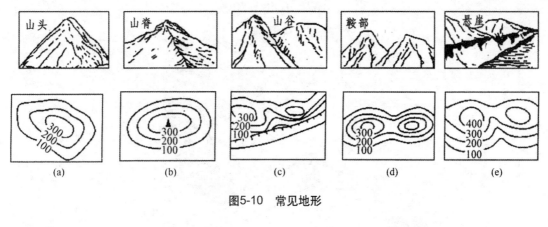

图5-10　常见地形

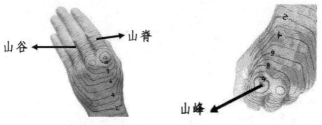

图5-11　地形在手上的表现

2. 地形平面图绘制方法

地形平面图主要采用图例和标注的方法，常用表现方法有等高线法、坡级法、分布法、明暗度和色彩法及计算机图解法等，其中等高线法最常用。

在学习等高线法之前需要了解等高线的相关知识。

1）等高线的相关概念

（1）等高线：在自然界几乎不存在完全平整的平面，或者说，自然界的一切都存在着起伏。人类对自然界的山丘、山脉以及任何一块土地，都可以用等高线在二维平面上进行表达。一个地面等高线的形成就犹如切面包片一样，用一系列距离相等且相互平行的假想水平面（水平面即与所处地面平行的面）切割地形后，把每个切片的边缘线或空洞的边缘线取出来，向水平面做正投影，并以数字标注出各处的高度，这种带有数字标注的地形的水平正投影称为标高投影，在工程中利用标高投影表现地形的平面图称为地形图。所以，地形图上高度相同的相邻各点所连成的闭合曲线称为等高线（见图5-12），利用等高线表现地形的方法叫作等高线法。

此外，在地形改造设计中，为了进行区别，原有等高线用虚线绘制，设计等高线用实线绘制。

（2）等高距：相邻两条等高线的垂直距离（高差）称为等高距（见图5-13），在同一张地形图中等高距是固定数值。

（3）等高线间距（等高平距）：相邻两条等高线在水平方向的距离称为等高线间距，也叫等高平距。等高线间距是变化的，除非地形是斜面或者非常有规律的起伏，才会出现相等的等高线间距，如图5-14所示。

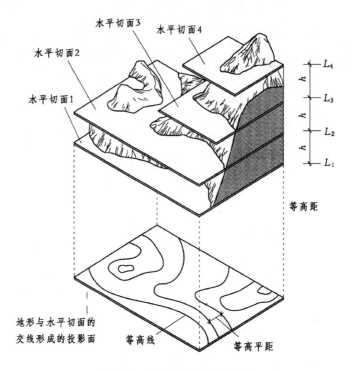

图5-12　地形等高线图的形成

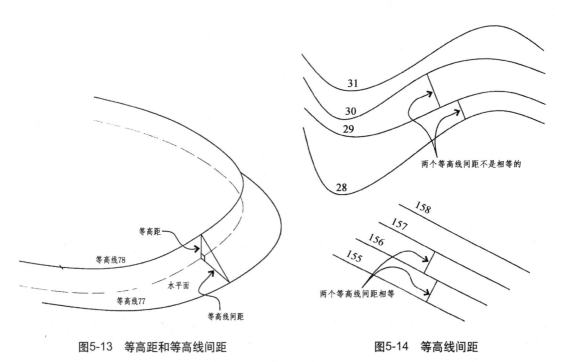

图5-13　等高距和等高线间距　　　　　　图5-14　等高线间距

（4）高程：每个国家都会有一固定点作为国家地形的零点高程，依此形成的高程就是绝对高程（或称海拔），一般要求规划部门所提供的地形图中所表达的都是绝对高程。

　　在局部地区，常常以附近某个特征性强或可视为固定不变的某点作为高程起算的基准面，由此形成相对高程（或称为相对标高）。

　　等高线上的高程标记数值，字头朝向上坡方向。

　　（5）首曲线与计曲线：一般的地形图中运用两种等高线：一种是按照相应比例尺规定的等高距测绘的等高线，称为首曲线，用细实线绘制；另一种是为方便查看，规定从零米起算，每隔4条首曲线加粗一根并标注高程数字的等高线，称为计曲线。首曲线与计曲线，如图5-15所示。

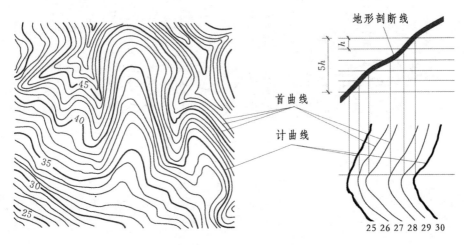

图5-15　首曲线与计曲线

　　2）等高线的基本特征

　　（1）位于同一等高线上的地面点，其高程相同。但海拔高度相同的点不一定位于同一条等高线上。

　　（2）在同一幅图内，除了悬崖以外，不同高程的等高线不能相交不能重合。

　　（3）相邻等高线的高差一般是相同的，因此地面坡度与等高线之间的等高线平距成反比，等高线平距越小，等高线排列越密，说明地面坡度越大；等高线平距越大，等高线排列越稀，则说明地面坡度越小。

　　（4）等高线是一条闭合的曲线，如果不能在同一幅图内闭合，则必在相邻或者其他图幅内闭合。

　　（5）等高线经过山脊或山谷时改变方向，因此，山脊线或者山谷线应垂直于等高线转折点处的切线，即等高线与山脊线或者山谷线正交（见图5-16）。

　　3）剖断面

　　对地形图的识别，就是把地形从图纸上"还原"成真实的三维状态。为利于对地形的直观研究，很多时候采用断面绘制法。

　　先在地形图上画一条需要的剖断线，然后把透明纸张覆盖在地形图上，在透明纸上以与透过的剖断线平行的方式，以某个比例下的固定间距（等高距）按垂直方向排列线条，这些线条就是等高线在垂直方向上的位置，注明每条线的标高值，然后从等高线与剖断面相交的点垂直于剖断线拉线，交于垂直方向上同高程线条于一点。

同样方法，依次得到一系列的点，然后用平滑曲线贯穿这些点，便得到了直观的地形某处位置的剖断面，如图 5-17 所示。

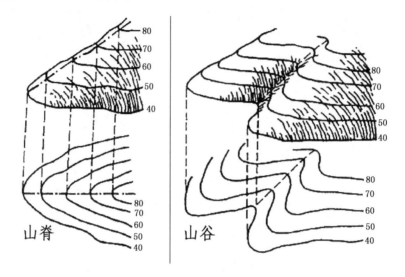

图5-16　山脊与山谷

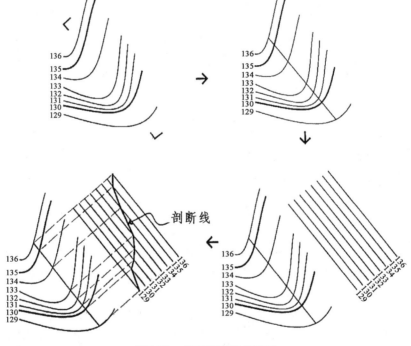

图5-17　用剖断面表示地形

5.2.2　植物的表达

在室外环境的设计中植物是另一个极其重要的素材。植物除了能做设计的构成因素外，还能使环境充满生机和美感。景观植物种类繁多，画法不一，但一般都是根据不同的植物特征，抽象其本质，运用基本笔法组合而成众多图例。

1. 树木的表达

1）树木平面的表达

（1）常用表达技法。景观设计植物的平面图是指植物的水平投影图。一般采用图例这种形式来概括的表达，其方法为：用圆圈表达树冠的形状和大小，用黑点表达树干的位置及树干的粗细，如图5-18所示。

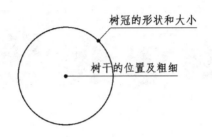

图5-18　树木平面的表达

树冠的大小应根据树龄按比例画出，成龄树的树冠大小，如表5-1所示。

表5-1　成龄树的树冠冠径

单位：m

树种	孤植高	高大乔木	中小乔木	常绿乔木	绿篱
冠径	10 ～ 15	5 ～ 10	3 ～ 7	4 ～ 8	单行宽度 0.5 ～ 1.0 双行宽度 1.0 ～ 1.5

（2）树木的平面表达种类。乔木的平面表达方法非常多，风格各异，根据不同的技法可分为轮廓型、枝干型、枝叶型和质感型四种，如图5-19所示。

① 轮廓型：确定种植点，画出树木的平面投影轮廓。可以是圆，也可以带有尖凸和凹陷。一般图例外轮廓线为平滑圆形或弧裂线或凹缺，表达阔叶乔木；图例外轮廓线为锯齿线或斜刺毛线，表达针叶乔木。

② 枝干型：在树木的平面投影轮廓中，用粗细不同的线条画出树干和分枝的水平投影。多用于表达落叶阔叶乔木类型，如果用紧密斜线排列在轮廓中，则表达常绿针叶乔木类型。

③ 枝叶型：以枝干型为基础，添加叶丛的投影，用线条或圆点表现出枝叶的质感。

在设计过程中，为了方便识别，乔木的平面图例应与形态特征相一致，以区别针叶类与阔叶类。

④ 质感型：在树木的平面中只用线条的组合或排列表达树冠的质感。

树木平面的各种线条表现形式配以不同的色彩时，会具有更强的表现力。

总之，树木的平面图例画法并无严格的规范，实际工作中可根据构图需要进行创新，以创造更切合实际、更能吸引视觉的画法。树木的平面表达方法，如图5-20所示。

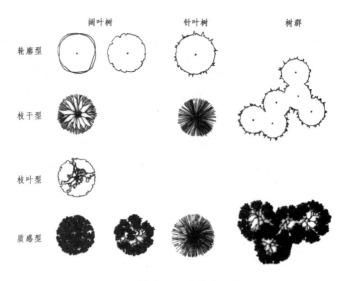

图5-19　树木平面表达的四种方法

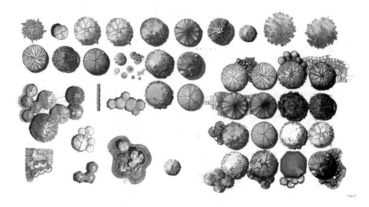

图5-20　树木的平面表达

（3）同类树木相连平面图的表达。表达几株相连的同类树木的平面时，应互相避让，图面形成整体（见图5-21）。表达成群树木的平面图时，可连成一片；表达林植树木的平面图时，只勾画林缘线（见图5-22）。

图5-21　几株相连同类树木的表达

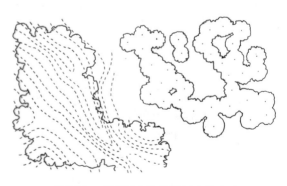

图5-22　成群树木和林植树木的表达

（4）树木平面落影的表达。树木的落影是绘制平面树木重要的表现方法，它可以增加图面的对比效果，使图面明快、有生气（见图5-23），树木的地面落影与树冠的形状、光线的角度和地面的条件有关，常用圆来表达树木的落影（见图5-24），有时也可根据树形稍做变化。

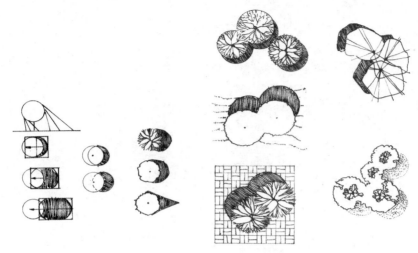

（a）用落影圆表示树木阴影　　　（b）不同地面条件的落影质感

图5-23　树木平面落影的表达

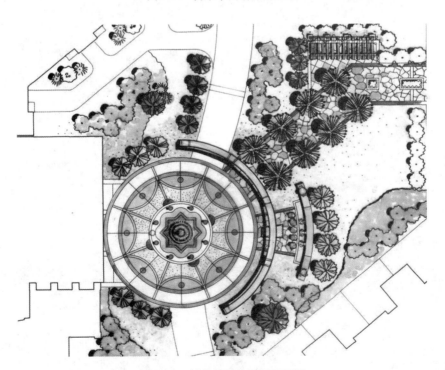

图5-24　树木落影的景观平面图

在园林设计中，表达树木圆圈的大小应与设计图的比例相吻合。也就是说，图上表达树木的圆圈直径应等于树木的冠径。

2）树木立面的表达

景观植物的立面图是指植物的正立面投影。立面图的形态特征主要由植物的树干和树冠两部分决定。树木立面主要有以下几种表达方法（见图5-25）。

① 轮廓法：只勾出树形外部轮廓线。

② 剪影法：仿剪纸艺术勾出树形外部轮廓线。

③ 白描法：用最简练的笔线勾勒树木外形，不加烘托。

④ 双钩法：以各种树叶的生长结构和形态加以概括提炼。

⑤ 略写法：简略勾画树木的外形特征。

⑥ 图案法：在实象的基础上略有夸张的图案效果。

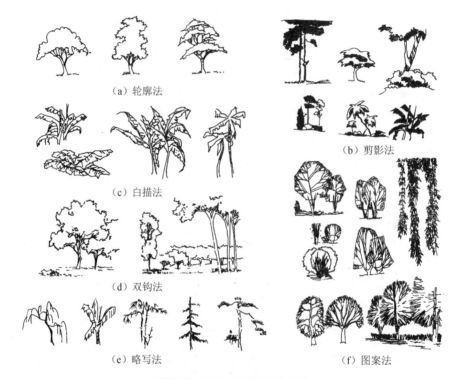

（a）轮廓法

（b）剪影法

（c）白描法

（d）双钩法

（e）略写法

（f）图案法

图5-25 树木立面的表达方法

一些树木立面的表达，如图5-26所示。

图5-26 树木立面的表达

3）景观植物平面、立面画法的统一

树木的平面、立面的表达方法虽然多种多样，但在一个项目或一套图纸上应选取其中一种来表达，使手法和风格尽量一致。树木的平面冠径与立面冠径应相等，平面图与立面图要对应，立面的树干位置，对应于平面树冠圆的圆心（见图5-27）。

2. 灌木的表达

1）灌木的平面表达

灌木较乔木而言，没有明显主干，一般成丛生长，所以平面形状曲折多变。单株种植的灌木其平面图表达方法与乔木相似，但外形呈不规则曲线形；成丛栽植的灌木可以用勾画植物组团的轮廓线来表达；自然式布置的灌丛，其轮廓线不规则（见图5-28）。整形修剪的灌木丛或绿篱形灌木，在表达时大轮廓采用规则式画法，但线条是变化而圆润的。

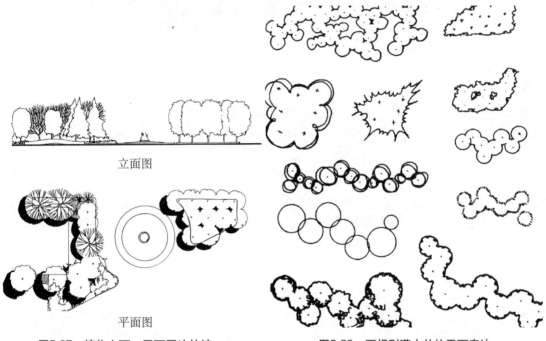

立面图

平面图

图5-27　植物立面、平面画法的统一　　　　　图5-28　不规则灌木丛的平面表达

2）灌木的立面表达

灌木的立面图与乔木不同，灌木的茎是丛生型，无主干、侧干之分，每一个茎干分枝点较低，枝叶密度因植物种类而有所不同，高度从不到1米到几米不等，绘制时应视各灌木的特点加以图示，如图5-29所示。

3. 攀缘植物的表达

1）攀缘植物的平面图与立面图表达

攀缘植物的平面图表达其所定植的位置，立面图表达其景观效果，如图5-30所示。

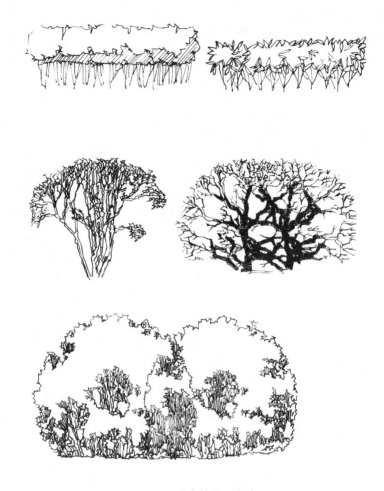

图5-29　灌木的立面表达

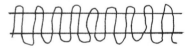

图5-30　攀缘植物的表达

2）攀缘植物效果表达技法

攀缘植物必须依附于其所装饰的园林小品生长。因此，其立面效果主要通过攀缘的墙、花架、柱等来表达，用自由曲线随意勾画，表现出其蔓生的效果。

4. 草坪的表达

在园林景观中草坪作为景观基底占有很大面积，在绘制时同样要注意其表达方法。草坪平面的表达，如图 5-31 所示。

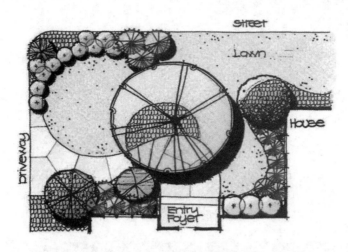

图5-31　草坪平面的表达

草坪平面的表达方法具体有以下几种。

1）打点法

打点法是草坪较简单的一种表达方法，用打点法画草坪时，注意打出的点其大小、布点的均匀性，但在靠近道路或其他物体的周围可以密一些。

2）线段排列法

这是一种最常用的草坪表达方法，在绘画时要求线段排列整齐，行间可以有不连续的重叠，也可留出些空白或行间留出空白，还可以用规则或随意排列的斜线表达，排列方式规则或随意。

3）小短线法

将小短线排列成行，每行之间的间距相近，排列整齐可表达草坪；不整齐可表达自然的草地，或粗放管理的草坪。

4）其他表达法

草坪表达方法除上述三种外，还可用乱线法或 m 形线条排列法或借助地形来表达。

5. 地被的表达

地被在设计中主要采用占地轮廓的范围线来表达,勾出地形轮廓,填充质感线条,如图5-32所示。

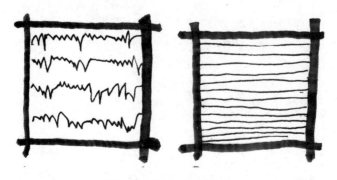

图5-32　地被平面的表达

5.2.3 水体的表达

水是变化较大的设计因素，也是整个设计因素中最迷人和最激发人兴趣的因素之一。水体形式多样，但都是由水面和岸线组合而成。在平面图上，以岸线围合水面组成的水体表达了水体在绿地园林中的相对位置和形状；在立面图或剖面图上，则表达出水体岸线的组成结构和水域的深浅。

1. 水体的平面表达

水体的平面形状主要有自然式、规则式和混合式三种。图 5-33 所示的自然式水体是指自然形成的或者人工模仿的天然形状的河、湖、溪、泉等；图 5-34 为规则式水体，是指人工形成的几何形状水面。

图5-33　自然式水体　　　　　　　　图5-34　规则式水体

水面的表达可采用线条法、等深线法、平涂法、添景物法，前三种为直接的水面表达方法，最后一种为间接的水面表达方法，如图 5-35 所示。

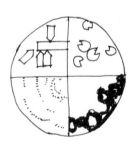

图5-35　水体的平面表达

1）线条法

采用曲线、波纹线、水纹线或直线，使用工具或徒手法，把线条平行排列在水面上，这样排列的平行线表达水面的方法称为线条法。作图时，既可以将整个水面全部用线条均匀地布满，也可以局部留有空白，或者只局部画一些线条。

线条法可以表现出水面的动感、静感。静水或微波的水面多用直线或小波纹线表达，还可反映倒影产生的虚实对比感；动水面给人以欢快流畅的感觉，其画法多用大波纹线、鱼鳞纹线等动态活泼的线型表达。线条法表达水体，如图 5-36 所示。

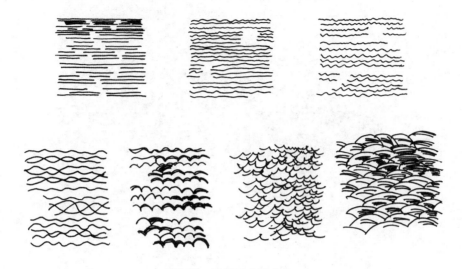

图5-36 线条法表达水体

2）等深线法

等深线与地形等高线相似（见图 5-37），以岸线为基准，依岸线的曲折作两三根曲线，这种类似等高线的闭合曲线称为等深线。一般岸线以较粗的线表达，其内的两三根线可以理解为水位线，常用细线表达。这种方法常用于形状不规则的水面，如图 5-38 所示。

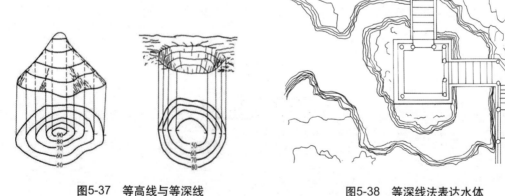

图5-37 等高线与等深线　　　　　图5-38 等深线法表达水体

3）平涂法

用水彩或墨水平涂来表达水面的方法称为平涂法。作图时，先作等深线，然后用水彩或墨水平涂水域，离岸远的水面颜色深，离岸近的水面颜色浅；或不考虑深浅而均匀涂黑。平涂法表达水体，如图 5-39 所示。

4）添景物法

添景物法，即利用与水面有关的一些内容来表达水面的一种方法。与水面有关的内容包括水生植物（如荷花、睡莲等）、水上活动工具（湖中的船只、游艇）、码头、驳岸、水纹线、风吹起的涟漪、石块落入水中产生的水圈等。添景物法表达水体，如图 5-40 所示。

图5-39 平涂法表达水体

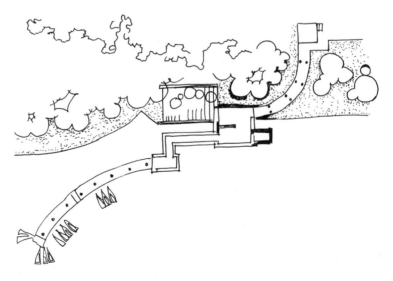

图5-40 添景物法表达水体

2. 水景剖断面图的表达

水景剖断面的表达同地形剖切断面的表达方法相同，如图 5-41 所示。

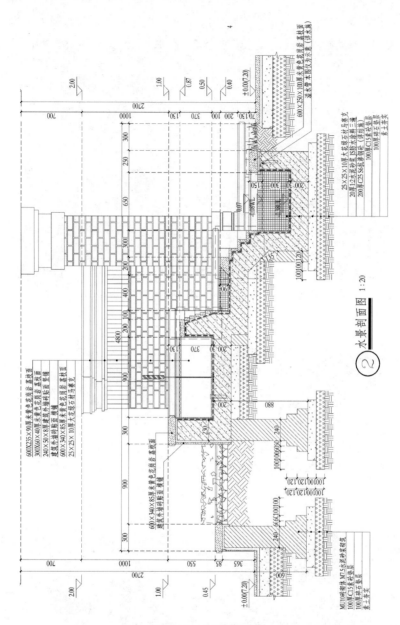

图5-41 水景剖面图

5.2.4 山石及道路的表达

1. 山石的表达

1）山石表达概述

山石的材质不同，其外形轮廓、表面的纹理等也不尽相同，所以在景观设计制图中表现的方法也不同。平面、立面图中的石块表达，通常只用线条勾勒轮廓，而很少采用光线、质感的表达方法，以免零乱。用线条勾勒时，轮廓线要粗些，石块表面的纹理可用较细较浅的线条稍加勾绘，以体现石块的体积感。不同的石块，其纹理不同，有的圆滑、有的棱角分明，在表达时应采用不同的笔触和线条。山石的平面、立面、剖面图的表达，如图 5-42 所示。

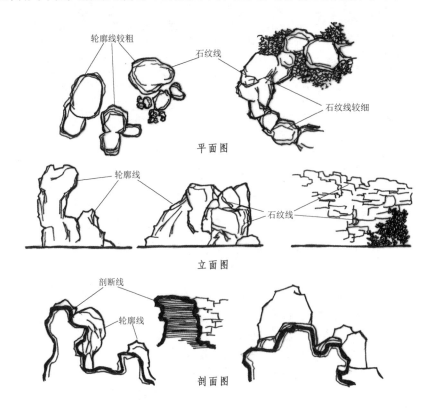

图5-42 山石的平面、立面、剖面图的表达

图 5-43 给出了一些石块与水体的平面表达方法，仅供参考。

图5-43 石块与水体的平面表达

2）各类山石的表达方法

园林绿地中常见的山石形式是假山（见图 5-44）和置石（见图 5-45）。假山是园林中以造景为目的，用土、石等材料模仿自然山体形态而构筑的山体，大多具有自然形态，体量较大。置石是以各种石材为材料，以造型艺术的手段而形成的各类山石小景。

图5-44　假山　　　　　　　　　　　　　　　　　图5-45　置石

假山和置石常采用的石材分别有湖石、黄石、青石、石笋、卵石等。

（1）湖石即太湖石，为石灰岩风化溶蚀而成，太湖石石面上多有洞穴、沟缝等凹凸变化，其形态多变且玲珑剔透，多用粗线来表达其曲折的自然外形轮廓。其块面上的纹理，皱、透、漏（洞穴），可用细曲线来表达它的洞穴变化。

（2）黄石为细砂岩受气候风化逐渐分裂而成，其体形敦厚、棱角分明、纹理平直。因此，其平面、立面图多用直线或折线来表达它的轮廓外形，并描以粗线。而其石面的纹理，则以细线、平直线来表达。

（3）青石是青灰色片状的细砂岩，其纹理多为相互交叉的斜纹，绘制时多用细线型，以直线和折线的方式来表达，轮廓线仍用粗线。

（4）石笋，其外形长如竹笋出土一般，故名石笋。此类山石绘制时应以垂直细线来表达其纹理，有些也可以用曲线。

（5）卵石，其形态圆滑、表面光滑。因长期受水冲刷磨去了棱角。因此，其轮廓线以曲线来表达，在石面上用少量细曲线代表纹理加以修饰即可。

景石绘制方法，如图 5-46 所示。

2. 园路的表达

1）园路概述

园路在园林中的作用主要是引导游览、组织景区和划分空间。园路的美主要体现在园路平竖线条的流畅自然和路面的色彩、质感以及图案的精美，再加上园路与所处环境的协调。园路按其性质和功能可分为主要园路、次要园路和游憩小路三种类型。

主要园路和次要园路是通向景园各主要景点、主要建筑及管理区的道路。它们的路宽分别是 4～6m、2～4m，且路面平坦，路线自然流畅。游憩小路是用以散步休息，引导游人深入景园各个角落的园林道路。其宽度多为 1～2m，且路面多平坦，也可根据地势起伏有致。在园林制图中，一般用平面图和断面图对园路进行表达。园路平面图即俯视图，可以展示园路的延伸线条、路的宽度、路的形式及路面铺装式样等；园路断面图即园路纵向与横向在剖断状态下的投影图，能够显示并表达园路的构筑工艺与具体尺寸，常用于指导园路的施工。

图5-46　景石绘制方法

2）园路平面图的表达

主要园路和次要园路的平面图画法较为简单，一般以道路中线为基准，用流畅的曲线画出路面的两条边线即可，较宽的园路线型相对较粗。

游憩小路的平面图，由于路面铺装材料的丰富，画法不一。可用两条细线画出其路面的宽度，也可按照路面的装饰材料示意画出，如图 5-47 所示。

图5-47　游憩小路的平面图画法

园林游憩小路常用的路面铺装材料有各种水泥预制块、方砖、条石、碎石、卵石、瓦片、碎瓷片等,这些材料可以单独使用,也可相互结合形成具有装饰性和艺术性的图案,丰富园林景观。在古典园林中,还常用各种材料铺成代表吉祥的各种花卉或动物图案,非常精美。园路铺装的表达,如图5-48所示。

图5-48 园路铺装的表达

此外,需要注意的是,园路有转角或衔接时,一般将转角处理成圆弧状,再接直线,如图5-49所示。

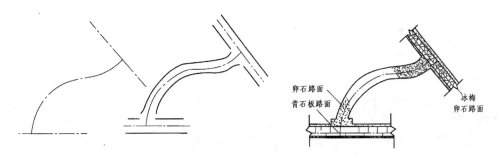

图5-49 园路转角处的处理

3)园路断面图的表达

园路断面图,一般常见的有纵断面和横断面图。

(1)纵断面表达方法。纵断面图一般用来表达园路走向、起伏状况以及设计园路纵向坡度状况与原地形标高的变化关系。其做法如下。

① 按已规划好的园路走势确定并标出各个控制点的标高。例如,路线起点至终点的地面标高、两园路相交时道路中心线交点的标高、铁路的轨顶标高、桥梁的桥面标高、特殊路段的路基标高、设计园路与原地面标高等。

② 确立设计线。经过道路的纵向"拉坡",确定道路设计线。所谓拉坡,就是综合考虑道路平面和横断面的填挖土方工程量以及道路周边环境状况,而确定出的道路纵向线型。

③ 设计竖曲线。根据设计纵坡角的大小，选用竖曲线半径并进行有关计算，以设计竖曲线。当外距小于 5cm 时，可不设曲线。

④ 标注其他要素，如桥、涵、驳岸、闸门、挡土墙等的具体位置及标高。

⑤ 绘制道路纵断面图。综合以上线型与数据，就可绘制道路的纵断面图了。

（2）横断面表达方法。道路的横断面（见图 5-50）能直接表现道路的绿化的断面布置形式。一般来说，进行道路的横断面设计，所涉及的内容主要有车行道、人行道、路肩（路牙）、绿带、地上及地下管线共同敷设带、排水沟道、电杆、分车岛、交通组织标志、信号和人行横道等。

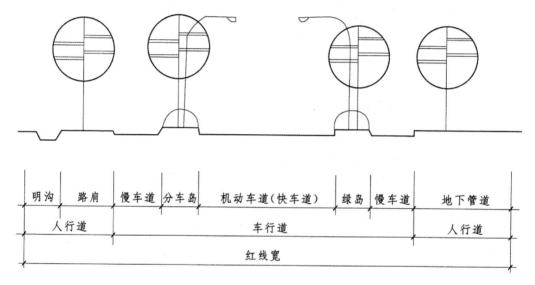

图5-50　道路横断面

道路断面常见的基本形式有一块板、两块板和三块板等。相应地，道路绿化断面布置形式就有一板两带式、两板三带式、三板四带式、四板五带式等。

① 一块板：所有机动车和非机动车都在一条车行道上混合行驶，在两侧人行车道上种植行道树，称为一板两带式（带绿化带）[见图 5-51（a）]。这种形式的道路简单整齐、用地经济、管理方便，但景观单调，不能解决各种车辆混合使用的矛盾。多用于小城市或车辆较少的街道。

② 两块板：在车行道中央设置一条分隔带或绿地，把车行道分成单向行驶的两条车道，在人行道两侧种植行道树，称为两板三带式 [见图 5-51（b）]。分隔带上下不种乔木，只种草皮或不高于 70cm 的灌木。其优点是可减少对向车流之间相互干扰和避免夜间行车时对向车流之间头灯的炫光照射而发生车祸，有利于绿化、照明、管线铺设，且绿带数量大，生态效益显著；缺点是仍不能解决机动车和非机动车混合行驶、相互干扰的矛盾。多用于高速公路和入城道路等比较宽阔的道路。

③ 三块板：用两条分隔带把车行道分成三块，中间为机动车道，两侧为非机动车道，连同车道两侧的行道树共有四条绿化带，称为三板四带式 [见图 5-51（c）]。这种形式的道路遮阴效果好，在夏季能使行人和各种车辆驾驶者感觉凉爽舒适，同时解决了机动车和非机动

混合行驶相互干扰的矛盾，组织交通方便，安全系数高。在非机动车较多的情况下采用这种断面形式比较理想。

④ 四块板：用三条分隔带将车道分成四条，使机动车和非机动车都分上、下行，各行车道互不干扰，称为四板五带式 [见图 5-51 (d)]。其优点是行车安全，缺点是用地面积较大。有时候为了节约用地面积，也采用 60cm 左右的栏杆代替绿化分隔带。

（3）园路结构断面的表达方法。道路结构断面图是道路施工的重要依据，道路结构断面图除了要表达道路各构造层的厚度、材料外，还要加上一定的文字说明、技术要求以及标注。因此，该图上必须包含图例（材料）和文字标注（技术要求）两部分内容。园路铺装结构断面图（结构大样图），如图 5-52 所示。

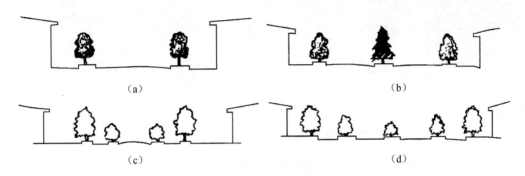

图5-51　道路断面形式

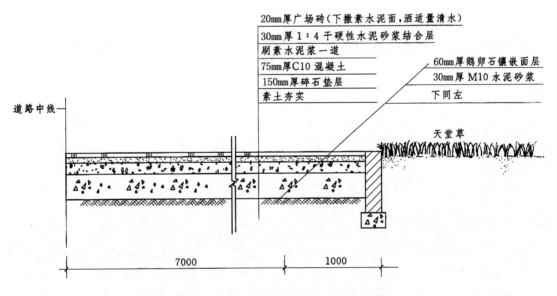

图5-52　园路铺装结构断面图（结构大样图）

不同的材料，要用不同的图例表示，常见的岩石、卵石及水泥砂、钢筋混凝土、素混凝土、石板与粗砂、块石与碎石、灰土等，如图 5-53 所示。

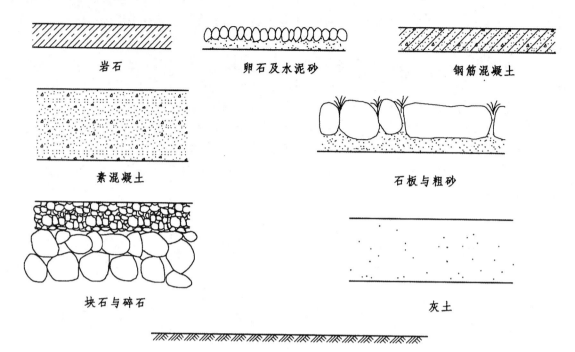

岩石　　　　　　　　卵石及水泥砂　　　　　　　钢筋混凝土

素混凝土　　　　　　　　　　　　　石板与粗砂

块石与碎石　　　　　　　　　　　　　灰土

素土夯实

图5-53　各种园路铺装材料的表达

课堂讨论

1. 景观设计中有哪些构成要素？基本表达形式是什么？
2. 水体在景观设计图中如何进行表达？主要有哪些方式？

5.3 景观工程施工图

本节主要介绍景观工程施工图的基本知识及景观工程施工图的绘制。

5.3.1 景观工程施工图的基本知识

景观工程施工图是景观设计人员在掌握景观艺术理论、设计原理、有关工程技术及制图基本知识的基础上综合运用建筑、山石、水体、道路和植物的造园要素，经过艺术构思合理布局所绘制的专业图纸。景观工程施工图是景观设计到景观施工的桥梁；是完美体现设计者设计概念的工具；是施工进行的凭证；是实现想法到现实中的完美体现。

施工图是设计的最终"技术产品"，是进行施工、监理、经济核算的重要依据，对建设项目建成后的质量及效果有相应的技术与法律责任，未经原设计单位的同意不得擅自修改施工图纸，经协商后要求，同意修改的也应由原设计单位补充设计文件，变更通知单、变更图、修改图等与原施工图一起形成完整的设计文件并应归档备案。所以说绘制、识别、使用设计图纸是进行景观工程建设的基础，作为景观设计最后阶段的施工图设计，是从事相对微观、定量和实施性的设计。如果说方案和初步设计的重心在于确定想做什么，那么施工图设计的重心则在于如何做。

根据所设计的方案，结合各种工种的要求分别绘制能具体、准确地指导施工的各种图纸，这些图能清楚、准确地表示出各项设计内容的尺寸、位置、形状、材料、种类、数量、色彩以及构造。施工图设计要完成施工平面图、地形设计图、种植平面图、景观建筑施工图等。

1. 景观工程施工图绘制的要求

1）总要求

（1）施工图的设计文件要完整，内容、深度要符合要求，文字、图纸要准确清晰，整个文件要经过严格校对。

（2）施工图的设计要根据已通过的初步设计文件及设计合同书中有关内容进行编制，内容以图纸为主，主要包括封面、图纸目录、设计说明、图纸、材料表及材料附图以及预算等。

（3）施工图设计文件一般以专业为编排单位，各专业的设计文件应经过严格校对，签字后方可出图及整理归档。

2）施工图设计的深度要求

施工图的设计深度应满足以下要求。

（1）能够根据施工图编制施工图预算。

（2）能够根据施工图安排材料、设备订货及非标准材料的加工。

（3）能够根据施工图进行施工和安装。

（4）能够根据施工图进行工程验收。

在编制中应因地制宜地积极推广和正确选用国家和地方的行业规范标准，并在设计文件的设计说明中注明引用的图集名称及页次。对于每一项景观工程施工设计，应根据设计合同书，参照相应内容的深度要求编制设计文件。

2. 景观工程施工图的组成

景观工程涉及的专业比较多，所以施工图的内容也比较复杂。一个景观项目的施工图由以下部分组成。

（1）文字部分：封皮、图纸目录（见图 5-54）、总设计说明（见图 5-55）、材料表等。

（2）施工放线：施工总平面图、各分区施工放线图、局部放线详图等。

（3）土方工程：竖向施工图、土方调配图等。

（4）建筑工程：建筑设计说明，建筑构造做法一览表，建筑平面图、立面图、剖面图，建筑施工详图等。

（5）结构工程：结构设计说明，基础图、基础详图，梁、柱详图，结构构件详图等。

（6）电气工程：电气设计说明，主要设备材料表，电气施工平面图、施工详图、系统图、控制线路图等。大型工程应按照强电、弱电、火灾报警及其智能系统分别设置目录。

给排水	暖通	电气
建筑	景观	结构

日期	
编表	
设计	
专业负责人	
工程负责人	
院长	

图纸目录 Drawing List

工程名称 Project Name：景观施工图设计

设计编号 Design NO　共 2 页　第 1 页　第 1 版

页码 Page No	类别 Drawing Type	图号 Drawing NO	名称 Drawing Title	幅面 Size	页数 Pieces	备注 Remark
01	总施	G-01	封面	A2	1	
02		ML-01	目录	A3	1	
03		SM-01	设计说明	A3	1	
04	分区	JZ-01	西区平面索引图	A1	1	
05		JZ-02	东区平面索引图	A1	1	
06		JZ-03	西区竖向标高图	A1	1	
07		JZ-04	东区竖向标高图	A1	1	
08		JZ-05	西区尺寸定位图	A1	1	
09		JZ-06	东区尺寸定位图	A1	1	
10		JZ-07	西区竖向标高图	A1	1	
11		JZ-08	东区竖向标高图	A1	1	
12		DJ-01	西区灯具布置图	A1	1	
13		DJ-02	东区灯具布置图	A1	1	
14		BP-01	西区部品布置图	A1	1	
15		BP-02	东区部品布置图	A1	1	
16		YS-01	主入口平面详图	A1	1	
17		YS-02	皇家广场平面详图	A1	1	
18		YS-03	皇家台地平面	A1	1	
19		YS-04	台地莲花水池平面	A1	1	
20		YS-05	台地东台阶平面	A1	1	
21		YS-06	台地东台阶立面图	A1	1	
22		YS-07	莲花水池及台地剖面详图	A1	1	
23		YS-08	西区竖向标高图	A1	1	
24		YS-09	皇家客厅平面详图	A1	1	
25		YS-10	刺绣花坛平面详图	A1	1	
26		YS-11	室外舞厅平面详图	A1	1	
27		YS-12	林荫道及草药园平面详图	A1	1	
28		YS-13	欢乐谷平面详图	A1	1	
29		YS-14	玫瑰园平面详图	A1	1	
30	景详	JX-01	主入口迎宾景墙详图	A3	1	
31		JX-02	皇家客厅花钵柱及入口景墙详图	A3	1	

日期	
编表	
设计	
专业负责人	
工程负责人	
院长	

图纸目录 Drawing List

工程名称 Project Name：景观施工图设计

设计编号 Design NO　共 2 页　第 2 页　第 1 版

页码 Page No	类别 Drawing Type	图号 Drawing NO	名称 Drawing Title	幅面 Size	页数 Pieces	备注 Remark
01	景详	JX-03	皇家客厅树池挡墙1及树池挡墙2	A3	1	
02		JX-04	坐凳及台阶详图	A3	1	
03		JX-05	林荫道喷泉水池详图	A3	1	
04		JX-06	室外舞厅廊架详图一	A3	1	
05		JX-07	室外舞厅廊架详图二	A3	1	
06		JX-08	室外舞厅廊架详图三	A3	1	
07		JX-09	草药长廊详图	A3	1	
08		JX-10	阶梯景墙详图	A3	1	
09		JX-11	休闲廊架详图一	A3	1	
10		JX-12	休闲廊架详图二	A3	1	
11		JX-13	休闲廊架详图三	A3	1	
12		JX-14	凯旋壁水池详图一	A3	1	
13		JX-15	凯旋壁水池详图二	A3	1	
14		JX-16	围墙及北侧大门详图	A3	1	
15	铺装	PZ-01	连锁砖铺装大样图	A3	1	
16		PZ-02	花岗岩铺装拼花大样图	A3	1	
17	种植	LS-01	种植苗木表	A2	1	
18		LS-02	西区种植平面图	A1	1	
19		LS-03	东区种植平面图	A1	1	
20						
21						
22						
23						
24						
25						
26						
27						
28						
29						
30						
31						

图5-54　图纸目录示例

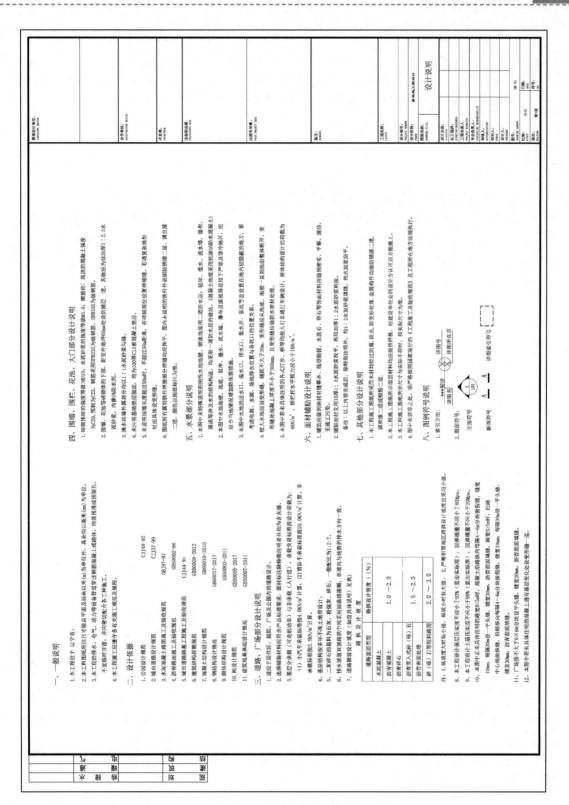

图5-55　图纸设计说明示例

（7）给排水工程：给排水设计说明，给排水系统总平面图、详图，给水、消防、排水、雨水系统图，喷灌系统施工图。

（8）绿化工程：植物种植设计说明、植物材料表、种植施工图、局部施工放线图、剖面图等。如采用乔灌草多层组合种植，分层设计较为复杂，应该绘制分层种植施工图。

5.3.2 景观工程施工图的绘制

1. 施工总平面图

施工总平面图主要表现规划用地范围内总体综合设计，反映组成景观各部分的长宽尺寸和平面关系以及各种造园要素（如地形、山石、水体、建筑及植物等）布局位置的水平投影图，它是反映景观工程总体设计意图的主要图纸，同时也是绘制其他图样、施工放线、土方工程及编制施工总体规划的依据。通常总平面图中还要绘制施工放线网格，作为施工放线的依据。

1）施工总平面图的绘制内容

施工总平面图（见图 5-56）主要表现用地范围内景观总的设计意图，它能够反映组成景观各要素的布局位置、平面尺寸以及平面关系。

一般情况下，总体规划平面图所表现的内容包括以下几项。

（1）规划用地的现状和范围。

（2）对原有地形、地貌的改造和新的规划。注意在总体规划设计图上出现的等高线均表示设计地形，对原有地形不进行表示。

（3）依照比例表示出规划用地范围内各景观组成要素的位置和外轮廓线。

（4）反映规划用地范围内景观植物的种植位置。在总体规划设计图纸中，景观植物只要求分清常绿、落叶、乔木、灌木即可，不要求表示出具体的种类。

（5）绘制图例、比例尺、指北针或风玫瑰图。

（6）注标题栏、会签栏、书写设计说明。

2）施工总平面图的绘制要求

（1）布局与比例。图纸应按照上北下南的方向绘制，根据场地的形状和布局，可向左或向右旋转，但不宜超过45°。施工总平面图一般采用 1 : 500、1 : 1000、1 : 2000 的比例绘制。

（2）图例。《总图制图标准》（GB/T 50103—2010）中列出了建筑物、构筑物、道路、铁路及植物等的相关图例，具体内容参见相应的制图标准。如需另行设定图例时，应在总图上绘制专门的图例表进行说明。

（3）图线。在绘制总图时应该根据具体内容采用不同的图线。

（4）计量单位。施工总平面图中的坐标、标高、距离宜以米（m）为单位，并应至少取至小数点后两位，不足时以 0 补齐。详图宜以毫米（mm）为单位，如不以毫米为单位应另加说明。

建筑物、构筑物、铁路、道路方位角（或方向角）和铁路、道路转角的度数，宜注写到"秒"，特殊情况应另加说明。

道路纵坡度、场地平整坡度、排水沟沟底纵坡度宜以百分数计，并应取至小数点后一位，不足时以 0 补齐。

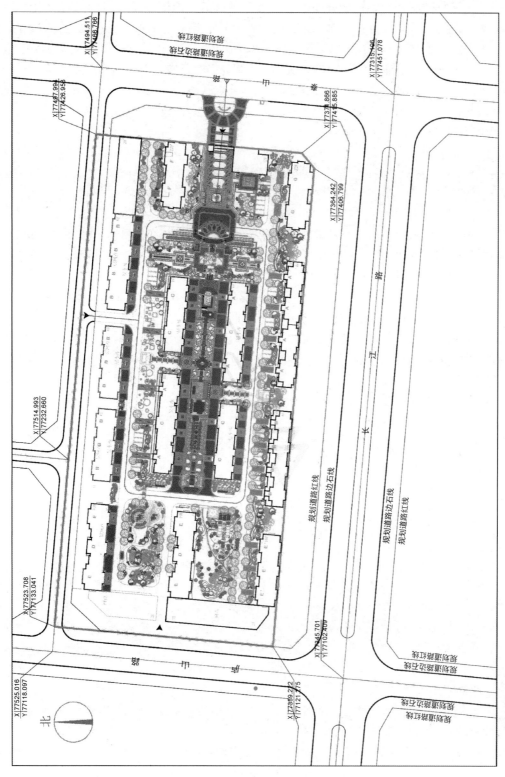

图5-56 某居住区总体规划平面图

（5）坐标网格。对于复杂工程，为了保证施工放线的精准度，在施工图中多运用坐标定位，坐标分为测量坐标和施工坐标。测量坐标为绝对坐标，相对零点通常选用建筑物或道路的交叉点。为区别于绝对坐标，施工坐标用大写字母 A、B 表示，施工坐标网格应以细实线绘制。

（6）坐标标注。坐标宜直接标注在图上。建筑物、构筑物、铁路、道路等应标注下列部位坐标：建筑物、构筑物的定位轴线或其交点；圆形建筑物或构筑物的中心点；挡土墙墙顶外边缘线或转折点。表示建筑物、构筑物位置的坐标，宜标注其三个角的坐标，如建筑物、构筑物与坐标轴线平行，可标注对角坐标。

（7）标高标注。施工图中标注的标高应为绝对标高，如标注相对标高，则应注明相对标高与绝对标高的关系。标高符号应按照《房屋建筑制图统一标准》（GB/T 50001—2017）中"标高"一节的有关规定标注。

3）施工总平面图的绘制方法

（1）根据用地范围的大小与总体布局情况，选择适宜的绘图比例。一般情况下绘图比例的选择主要根据规划用地的大小来确定，若用地面积大，总体内容较多，可考虑选用较小的绘图比例；反之，则考虑用较大的绘图比例。

（2）确定图幅，做好图画布局。绘图比例确定后，就可根据图形的大小确定图纸幅面，并进行图面布置。在进行图面布置时，应考虑图形、植物配置表、文字说明、标题栏、大标题等内容所占用的图纸空间，使图面布局合理并且保证图面均衡。

（3）确定定位轴线，或绘制直角坐标网格。对规则式的平面（如园林建筑设计图）要注明轴线与现状的关系；对自然式园路、园林植物种植应以直角坐标网格作为控制依据。

坐标网格以（2m×2m）～（10m×10m）为宜，其方向尽量与测量坐标网格一致，并采用细实线绘制。采用直角坐标网格标定各造园要素的位置时，可将坐标网格线延长作定位轴线，并在其一端绘制直径为 8mm 的细实线圆进行编号。

（4）绘制现状地形与欲保留的地物。

（5）绘制设计地形与新设计各造园要素。

（6）检查底稿，加深图线。

（7）标注尺寸和标高。平面图上的坐标、标高均以米（m）为单位，小数点后保留三位有效数字，不足的以 0 补齐。

（8）注写图例说明与设计说明。如果图纸上有相应的空间，可注写图例说明。为使图面清晰，便于阅读，对图中的建筑物及设施应予以编号，编号一般采用大写英文字母，然后再注明其相应的名称，也可将必要的内容注写于设计说明书中。

（9）绘制指北针或风玫瑰图，注写比例尺，填写标题栏、会签栏。

（10）检查并完成全图。为了更形象地表达设计示意图，往往在设计平面图的基础上，根据设计者的构思及需要绘制出立面图、剖面图、全园鸟瞰图和局部效果图等。

4）平面索引图

图纸较多时，为了方便查询图形中某一局部或构件的详图，常常用索引符号注明详图的位置、标号及所在的图纸编号，如图 5-57 所示。

如果是小型项目，平面图不复杂的情况下可以把索引图和总平面图合二为一；如果是大型项目，图面复杂，就需要分区放大后再进行索引。

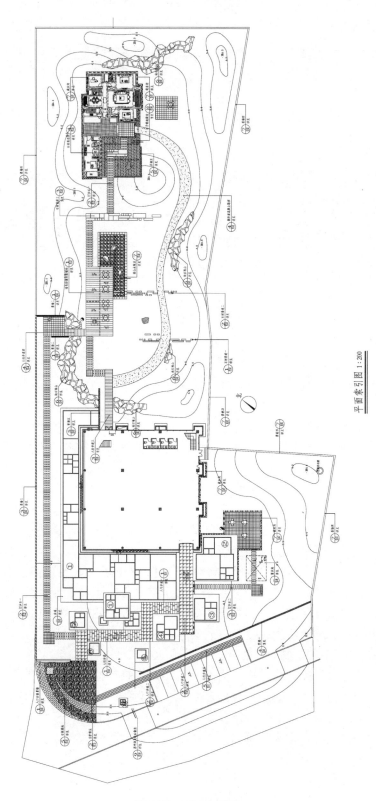

平面索引图 1：200

图5-57 平面索引图

2. 竖向标高平面图

竖向标高平面图（见图5-58）是根据景观设计平面图及原地形图绘制的地形详图，它表明了各个景点、设施及地貌在高程上的高低变化情况。景观工程项目地形设计包括地形"塑造"、山水布局，园路、广场等铺装的标高和坡度，以及地表的排水组织。竖向设计不仅影响到最终的景观效果，还影响地表排水的组织，施工的难易程度、工程造价等多方面。常用平面图和剖面图表示。

1）竖向标高平面图的绘制内容

（1）指北针、图例、比例、文字说明、图名。文字说明中应该包括标注单位、绘图比例、高程系统的名称、补充图例等。

（2）现状与原地形标高，地形等高线、设计等高线的等高距离一般取0.25～0.5m，当地形较为复杂时，需要绘制地形等高线放样网格。

（3）最高点或者某些特殊点的坐标及标高。例如，道路的起点、变坡点、转折点和终点等的设计标高（道路在路面中，阴沟在沟顶和沟底），纵坡度、纵坡距、纵坡向、平曲线要素、竖曲线半径、关键点坐标；建筑物、构筑物室内外设计标高；挡土墙、护坡或土坡等构筑物的坡顶和坡脚的设计标高；水体驳岸岸顶、岸底标高，池底标高，水面最低、最高及常水位。

（4）地形的汇水线和分水线，或用坡向箭头标明设计地面坡向，指明地表排水的方向、排水的坡度等。

（5）绘制重点地区、坡度变化复杂地段地形断面图，并标注标高、比例尺等。

此外，当施工比较简单时，竖向设计施工平面图可与施工放线图合并。

2）竖向标高平面图的绘制要求

（1）计量单位。通常标高的标注单位为米（m），如果有特殊要求的应该在设计说明中注明。

（2）线型。竖向标高平面图中比较重要的就是地形等高线，设计等高线用细实线绘制，原有地形等高线用细虚线绘制，汇水线和分水线用细单点长画线绘制。

（3）坐标网格及其标注。坐标网格采用细实线绘制，网格间距取决于施工的需要以及图形的复杂程度，一般采用与施工放线图相同的坐标网体系。对于局部的不规则等高线，或者单独作出施工放线图，或者在竖向设计图纸中局部缩小网格间距，提高放线精度。竖向设计图的标注方法同施工放线图，针对地形中最高点、建筑物角点或者特殊点进行标注。

（4）地表排水方向和排水坡度。利用箭头表示排水方向，并在箭头上标注排水坡度。对于道路或者铺装等区域除了要标注排水方向和排水坡度外，还要标注坡长，一般排水坡度标注在排水线的上方，坡长标注在坡度线的下方。其他方面绘制要求与施工总平面图相同。

3）竖向标高平面图的绘制方法

（1）计量单位。通常标高的标注单位为米（m），如果有特殊要求应在设计说明中注明。

（2）线型。竖向设计图中比较重要的就是地形等高线，设计等高线用细实线绘制，原有地形等高线用细虚线绘制，汇水线和分水线用细单点长画线绘制。

（3）坐标网格及其标注。坐标网格采用细实线绘制，网格间距取决于施工的需求及图形的复杂程度，一般采用与施工放线图相同的坐标网体系。对于局部的不规则等高线，可单独作出施工放线图，也可在图纸中局部缩小网格间距，提高放线精度。竖向标高平面图针对地形中的最高点、建筑角点或特殊点进行标注。

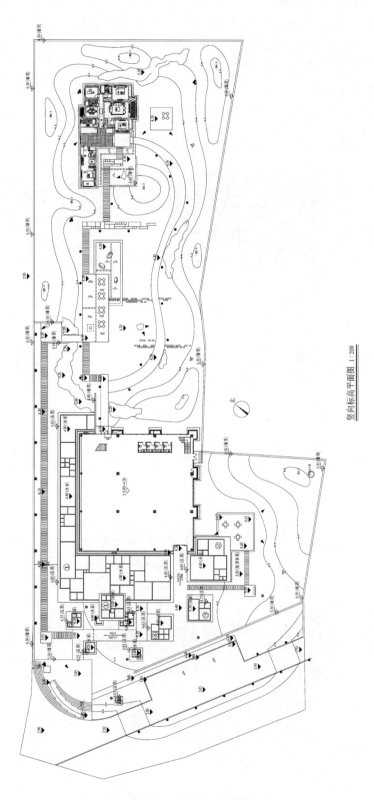

竖向标高平面图 1：200

图5-58 竖向标高平面图

（4）地表排水方向及排水坡度。利用箭头表示排水方向，并在箭头上标注排水坡度。对于道路或者铺装区域还需要标注坡长。

其他方面的绘制要求与施工总平面图相同。

3. 植物种植平面图

植物种植平面图（见图5-59）是植物种植施工、工程预结算、工程施工监理和验收的依据，它应能准确表达出种植设计的内容和意图，并且对于施工组织、管理及后期养护起到巨大作用。

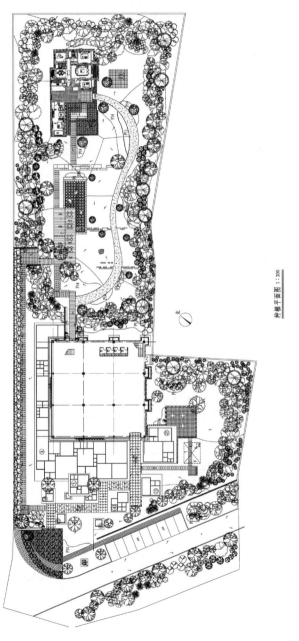

图5-59　某居住区植物种植平面图

1）植物种植施工图的内容

（1）图名、比例、指北针、苗木表及文字说明。

① 植物种植设计说明及苗木表（见图 5-60）：在种植施工图中应配备准确统一的植物种植设计说明及苗木表，通常应包括编号、树木名称、数量、规格、苗木来源及备注等内容，有时还需标注植物的拉丁名、植物种植时和后续管理时的形状姿态，整形修剪的特殊要求等。

② 文字说明：针对植物选苗、栽植和养护过程中需要注意的问题进行说明。

（2）植物种植位置，通过不同图例区分植物种类及原有植被和设计植被。

（3）利用引线标注每一种植物的种类、规格、数量（或面积）。

（4）植物种植点的定位尺寸，规则式栽植标注出株间距、行距及端点植物与参照物之间的距离；自然式栽植多借助坐标网格定位。

（5）某些有特殊要求的植物景观还需给出这一景观的施工放样图和剖断面图。

（6）某些植物景观较为复杂的项目，在进行施工图绘制的时候要对植物进行分层绘制，如乔木层（见图 5-61）、灌木层（见图 5-62）和地被层等。

2）植物种植施工图的绘制要求

（1）现状植物的表示。如果基地中有需要保留的植被，应使用测量仪器测出设计范围内保留植被种植点的坐标数据，叠加在现状地形图上，绘制出准确的植物现状图，利用此图指导方案实施。

（2）图例及尺寸的标注。植物种植形式可以分为点状种植、片状种植和草皮种植等类型，从简化制图步骤和方便标注的角度出发，可运用不同方式进行标注。

① 行列式栽植：对于行列式种植形式（如行道树、树阵等）可用尺寸标注出株行距，始末树种植点与参照物的距离。

② 自然式栽植：对于自然式种植形式（如孤赏树）可用坐标标注种植点的位置或采用三角形标注法进行标注。孤赏树往往对树木的造型、规格的要求较为严格，应在施工图中表达清楚，除利用剖面图、立面图表达外，还可以与苗木表结合并用文字加以说明。

③ 片植、丛植：施工图中应绘制出清晰的种植范围边界线，标明植物名称、规格、密度等。对于边缘呈规则的几何形状的片状种植，可用尺寸标注法标注。对于边缘呈不规则曲线的片状种植，应绘制坐标网格并结合文字加以说明。

④ 草皮种植：草皮可以运用打点的方式标注草名及种植面积等。

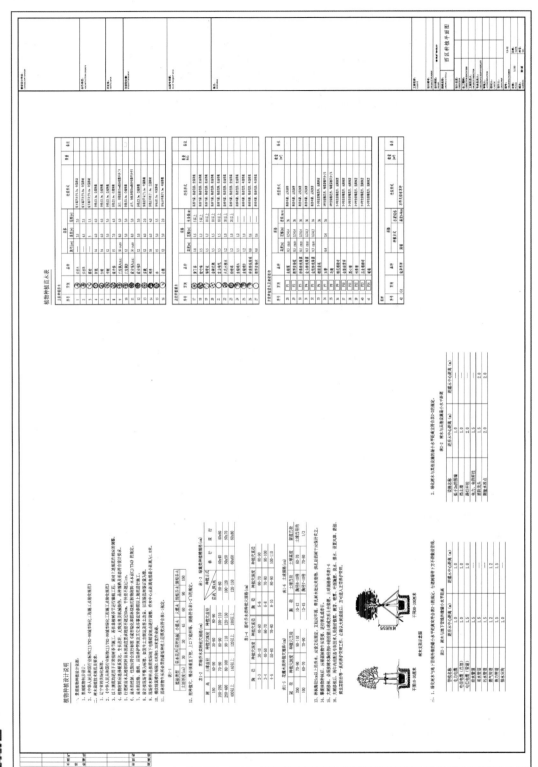

图5-60　某居住区植物种植设计说明及苗木表

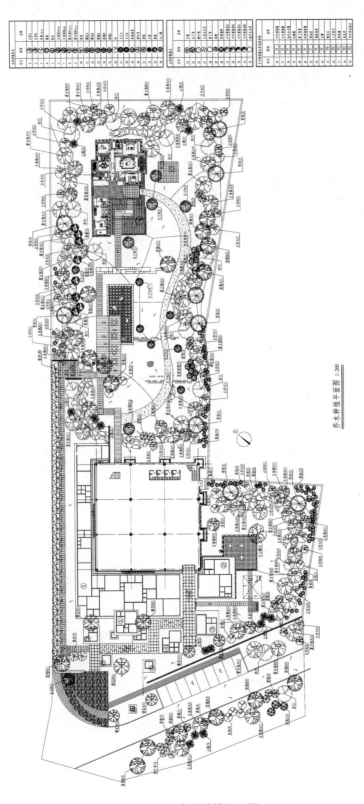

图5-61　乔木层种植平面图

灌木种植平面图 1:200

图5-62 灌木层种植平面图

小贴士

　　环境景观设计的面积有大有小，技术要求有繁有简，如果一张图纸很难表达清楚设计思想和技术要求，制图时就应加以区别。对于景观要求较高的种植局部，施工图应有表明植物高低关系、植物造型形式的立面图、剖面图、参考图或通过文字说明与标注。

　　3）植物种植施工图的绘制方法

　　（1）选择绘图比例，确定图例。园林植物种植设计图的比例不宜过小，一般不小于1：500，否则，无法表现植物种类及其特点。

　　（2）绘制出其他造园要素的平面位置。将园林设计平面图中的建筑、道路、广场、山石、水体及其他园林设施和市政管线等的平面位置按绘图比例绘在图上。

　　（3）先标明需保留的现有树木，再绘出种植设计内容。

　　（4）在图中适当位置，编制苗木统计表，说明所设计的植物编号、植物名称（必要时注明拉丁文名称）、单位、数量、规格及备注等内容，如果图上没有空间，可在设计说明中附表说明。

　　（5）编写设计施工说明，必要时按苗木统计表中的编号，绘制植物种植详图（见图5-63），说明种植某一植物时挖坑、施肥、覆土、支撑等种植施工要求。画指北针式风玫瑰图，注写比例和标题栏。检查并完成制图，有时为提高图面效果，可进行色彩渲染。

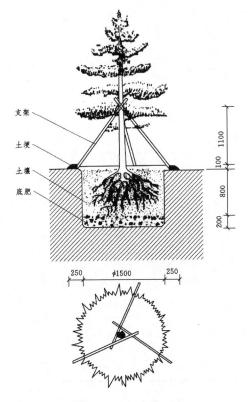

图5-63　植物种植详图

4.水池施工图

1）水池施工图的内容

为了清楚反映水池的设计，便于指导施工，通常要作水池施工图。水池施工图是指导水池施工的技术性文件，通常一幅完整的水池施工图包括水池平面图（见图 5-64）、水池剖面图（见图 5-65）和各单项土建工程详图。

2）水池施工图的绘制要求

（1）平面图。水池施工平面图要求表现的内容包括如下：

① 放线依据；

② 水池与周围环境、建筑物、地上地下管线的距离；

③ 对于自然式水池轮廓可用方格网控制，方格网一般为（2m×2m）～（10m×10m）；

④ 周围地形标高与池岸标高；

⑤ 岸顶标高、岸底标高；

⑥ 池底转折点、池底中心及池底的标高、排水方向；

⑦ 进水口、排水口、溢水口的位置、标高；

⑧ 泵房、泵坑的位置、标高。

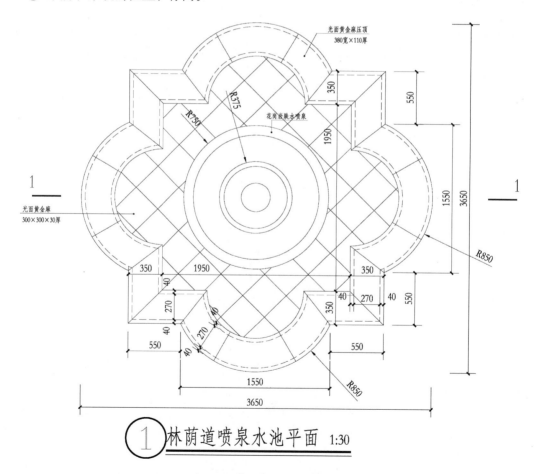

图5-64　水池平面图

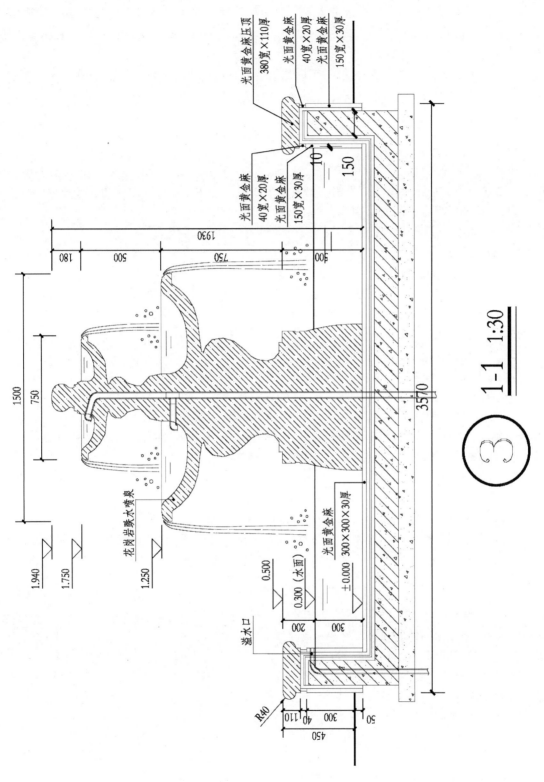

光面黄金麻压顶
380宽×110厚

光面黄金麻
40宽×20厚

光面黄金麻
150宽×30厚

光面黄金麻
40宽×20厚

光面黄金麻
150宽×30厚

1930

180

500

750

300

1500

750

1-1 1:30

③

1.940

1.750

花岗岩跌水喷泉

1.250

0.500

0.300（水面）

±0.000

光面黄金麻
300×300×30厚

200

300

溢水口

R40

110

40

300

50

450

150

150

3570

10

图5-65　水池剖面图

（2）剖面图。剖面图要求表现的内容一般包括池岸、池底以及进水口的高程；池岸池底结构、表层、防水层、基础做法；池岸与山石、绿地、树木结合部的做法；池底种植水生植物的做法。

（3）各单项土建工程详图。各单项土建工程详图要求表现的内容一般包括泵房、泵坑、给排水、电气管线、配电。

5. 道路及广场施工图

1）道路及广场施工图的内容

道路及广场施工图是指导景观道路施工的技术性图纸，能够清楚地反映景观路网和广场布局，一份完整的道路及广场施工图主要包括平面图、剖面图、局部放大图、做法说明。

2）道路及广场施工图的绘制要求

（1）平面图。道路及广场施工图中平面图一般包括以下内容。

① 路面宽度即细部尺寸；

② 放线选用的基点、基线及坐标；

③ 道路、广场与周围建筑物、地上及地下管线的距离及对应标高；

④ 路面及广场高程、路面纵向坡度、路中标高、广场中心及四周标高及排水方向；

⑤ 雨水口位置，雨水口详图或注明标准图索引编号；

⑥ 路面横向坡度；

⑦ 对现存物的处理；

⑧ 曲线道路的线型，标出转弯半径或以方格网（2m×2m）～（10m×10m）表示。

（2）剖面图。为了直观反映景观道路、广场的结构及做法，在道路及广场施工图中通常要制作剖面图（见图5-66）。剖面图的内容包括路面、广场纵横剖面上的标高，路面结构，表层、基础做法。图纸的比例一般为1：20～1：50。

（3）局部放大图。为了清楚地反映出重点部位的纹样设计，便于施工，通常要作局部放大图，如图5-67所示。

（4）道路及广场施工图的绘制，应指明施工放线的依据，说明路面强度、路面粗糙度、铺装缝线的允许尺寸 [以毫米（mm）为单位]，说明路牙与路面结合部的做法、路牙与绿地结合部的高程和做法，说明异形铺装块与道牙的衔接处理，说明正方形铺装块折点、转弯处的做法。

6. 假山施工图

1）假山施工图的绘制内容

为了清楚反映假山设计，便于指导施工，通常要制作假山施工图。假山施工图是指导假山施工的技术性文件。通常一幅完整的假山施工图包括平面图、剖面图、立面图或透视图、做法说明和预算。

2）假山施工图的绘制要求

（1）平面图（见图5-68）。假山施工平面图要求表现的内容一般包括如下：

① 假山的平面位置、尺寸；

② 山峰、至高点、山谷、山洞的平面位置、尺寸及各处高程；

③ 假山附近地形及建筑物、地下管线及山石的距离；

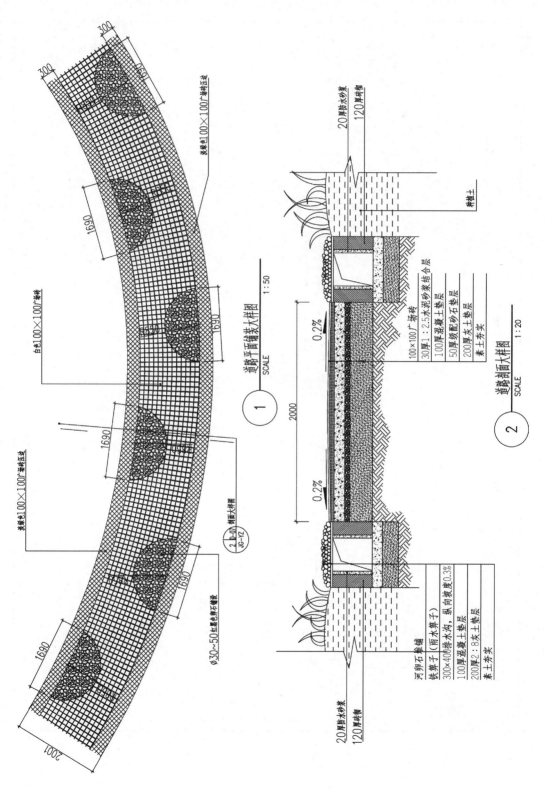

图5-66　道路平面及剖面图

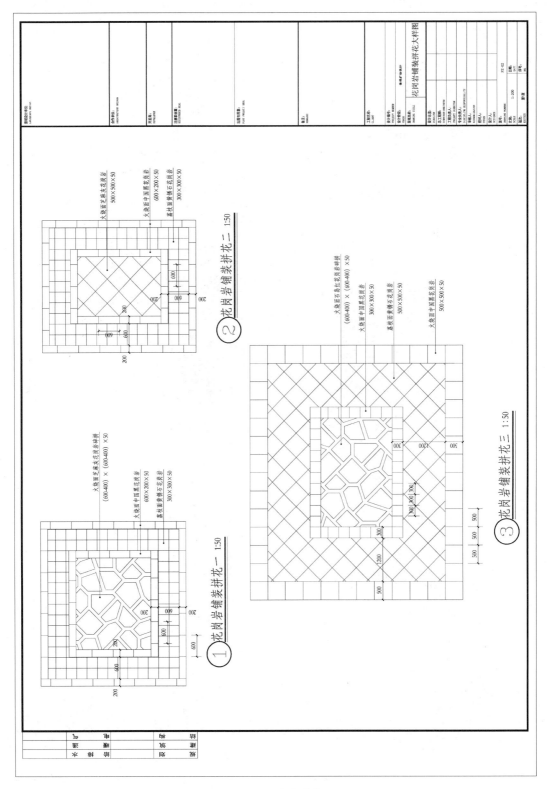

图5-67　道路铺装详图

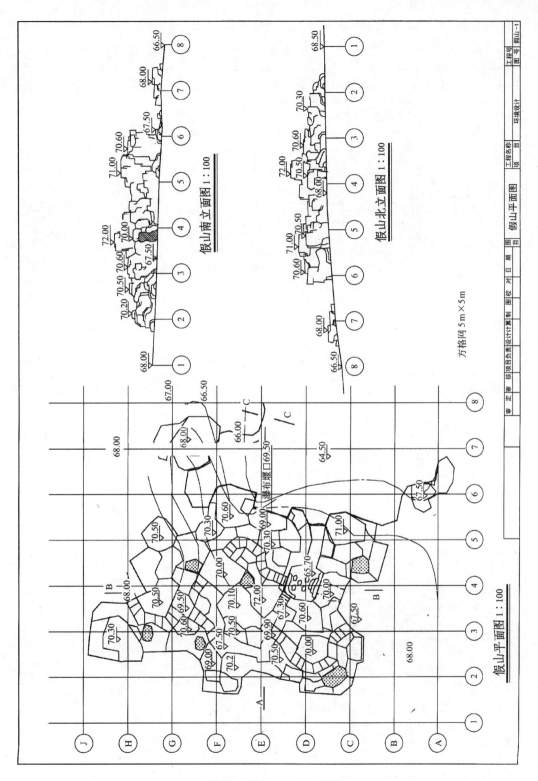

图5-68 假山平面、立面图

④ 假山绿化图（见图5-69）及其他设施的位置、尺寸；

⑤ 图纸的比例尺一般为 1 ∶ 20 ～ 1 ∶ 50。

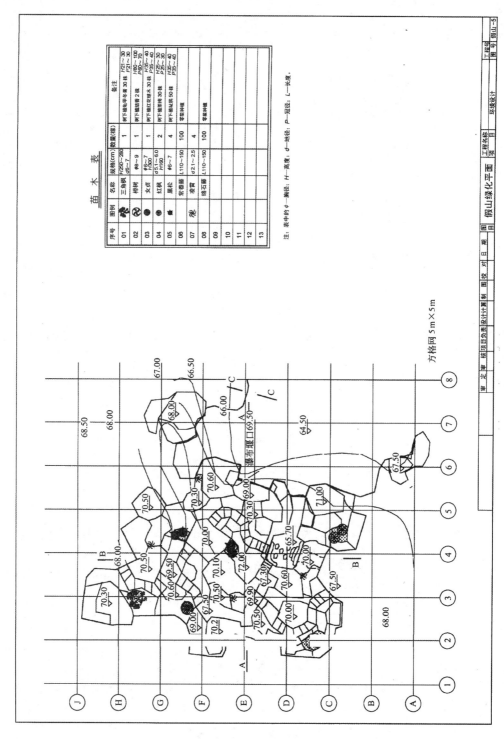

图5-69　假山绿化图

（2）剖面图（见图5-70和图5-71）。假山剖面图要求表现的内容一般包括假山各山峰的控制高程，假山的基础结构，管线位置、管径，植物种植池的做法、尺寸、位置。

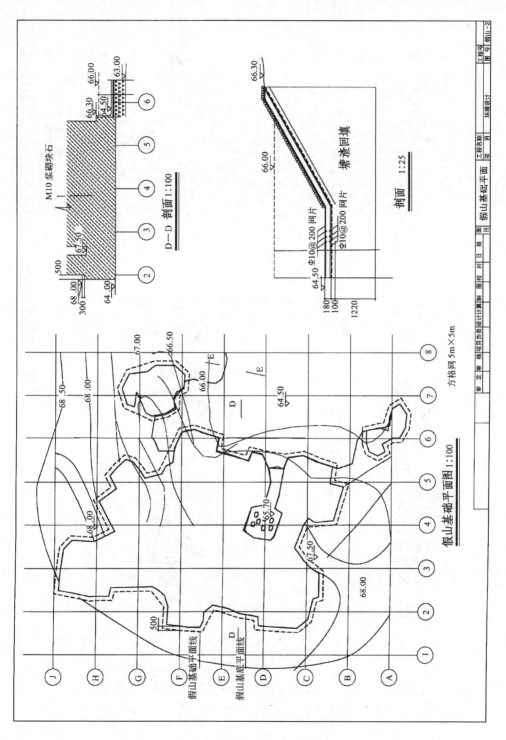

图5-70 假山基础平面、剖面图

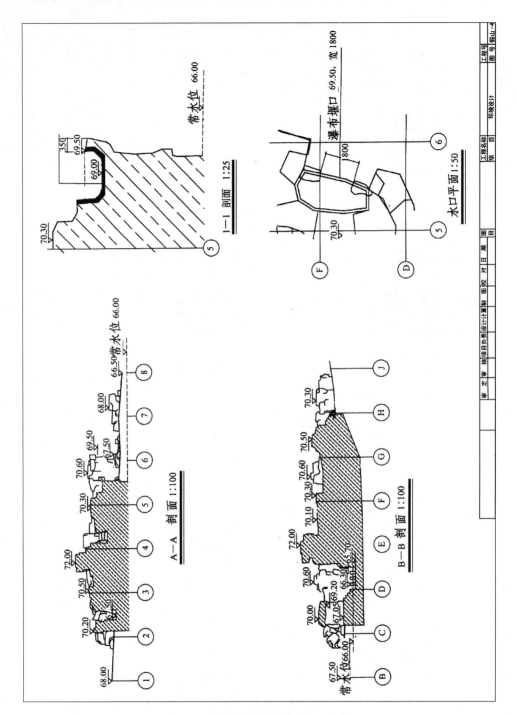

图5-71　假山剖面图

（3）假山立面图（见图5-72）。假山立面图要求表现的内容一般如下：

① 假山的层次、配置形式；

② 假山的大小及形状；

③ 假山与植物及其他设备关系。

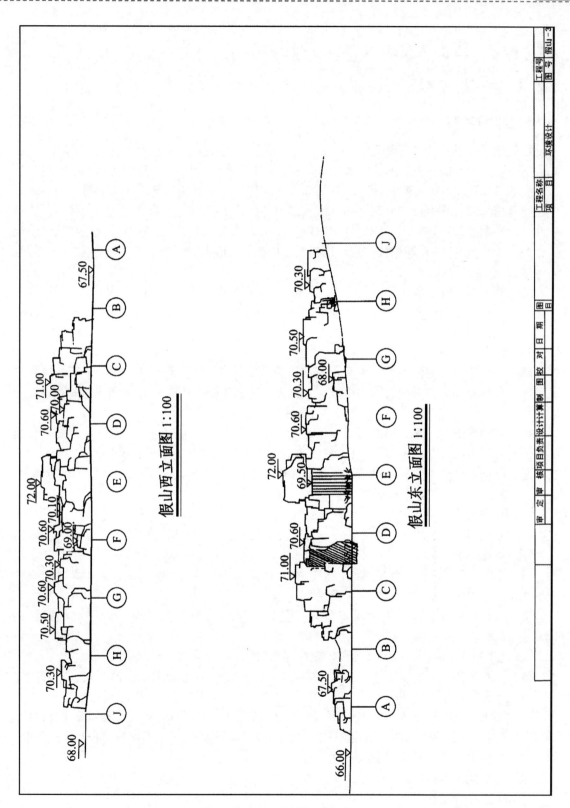

图5-72　假山立面图

（4）假山施工图的绘制，应说明：山石形状、大小、纹理、色泽的选择原则，山石纹理处理方法，堆石手法，接缝处理方法，山石用量控制。

5.3.3 结构及设备施工图

1. 结构施工图

结构施工图主要表达结构设计的内容，它是表示建筑各承重构件（如基础、承重墙、柱、梁、板及屋架等）的布置、形状、大小、材料、构造及相互关系的图样。此外，还需要反映其他专业（如建筑、给排水、暖通、电气等）对结构的要求。结构施工图主要用来作为施工放线、开挖基槽、支模板、绑扎钢筋、设置预埋件和预留孔洞、浇捣混凝土、安装梁板柱等构件，以及编制预算和施工组织设计等的依据。绘制结构施工图必须符合《房屋建筑制图统一标准》（GB/T 50001—2017）、《建筑结构制图标准》（GB/T 50105—2001）及国家现行的有关标准、规范的规定。

结构施工图一般由基础图、上部结构的布置图和结构施工图等构成。

绘制结构施工图的基本要求：图面整洁清晰、标注齐全、构造合理、符合国家制图标准和行业规范，能够很好地表达设计意图。

1）基础

基础是位于底层地面以下，承受全部荷载的构件。它主要由基础墙（埋入地下的墙）和下部做成阶梯状的砌体（放大脚）组成。基础图是表示基础平面布置及详细构造的图样，一般包括基础平面图和基础详图，它是施工放线、开挖基坑和砌筑基础的依据。

（1）基础平面图。基础平面图是表示基础施工完成后，基槽未回填土时基础平面布置的图样。它是采用剖切在相对标高 ±0.000 下方的一个假想水平剖面图来表示的。

基础平面图只要求绘制基础墙、柱及其基础底部的轮廓线。基础细部的轮廓线都省略不绘制，它们将具体反映在基础详图中。

基础平面图的绘制要求：

① 图名、图号、比例及文字说明。为了便于绘图，基础结构平面图可以与相应的建筑平面图取同比例。

② 基础的平面布置，即基础墙、构造柱、承重柱及基础底面的形状、大小及其定位轴线的相对位置关系，标注轴线尺寸、基础大小尺寸和定位尺寸。

③ 基础梁（圈梁）的位置及其代号，基础梁可标注为 JL1、JL2 等，圈梁可标注为 JQL1、JQL2 等。

④ 基础断面图的剖切线及其编号，或注写基础代号，如 JC1、JC2 等。

⑤ 当基础地面标高有变化时，应在基础平面对应部位附近画出剖面图，来表示基底标高的变化，并标注相应基底标高。

⑥ 在基础平面图上应绘制与建筑平面图一致的定位轴线，并标注相同的轴间尺寸及编号。

⑦ 在基础平面图中，被剖切到的基础墙轮廓用粗实线绘制，基础底部轮廓用细实线绘制。图中的材料图例与建筑平面图画法一致。

基础平面图的绘制方法：

① 确定定位轴线。

② 绘制基础轮廓线。

③ 进行尺寸标注及文字注释。

（2）基础详图。基础平面图只表示了基础平面的布局情况，为了满足施工要求，还需要画出基础的结构详图。基础详图是用较大的比例画出基础结构的构造，表达基础各部分的大小、形状、构造及埋深等。

基础详图的绘制要求：

基础剖切断面轮廓线用粗实线绘制，并填充材料图例。此外，还应标注出基础各部分的详细尺寸、钢筋尺寸及室内外地面标高等。

基础详图的绘制内容：

① 图名（或基础代号）、比例、文字说明。

② 基础断面图中轴线及其编号（若为通用断面图则轴线圆圈内不予编号）。

③ 基础断面形状、大小、材料及配筋。

④ 基础梁及基础圈梁的截面尺寸及配筋。

⑤ 基础圈梁与构造柱的连接方法。

⑥ 基础断面的详细尺寸及室内外地面、基础垫层底面的标高。

⑦ 防潮层的位置及做法。

2）钢筋混凝土构件

钢筋混凝土构件有定型构件和非定型构件两种，定型预制或现浇构件可直接引用标准图或通用图，只要在图纸上写明选用构件所在的标准图集或通用图集的名称、代号。自行设计的非定型预制或现浇构件必须绘制构件详图。

表5-2列出了常用构件的表示方法。

表5-2 常用构件的表示方法

序号	名称	代号	序号	名称	代号	序号	名称	代号
1	板	B	19	圈梁	QL	37	承台	CT
2	屋面板	WB	20	过梁	GL	38	设备基础	SJ
3	空心板	KB	21	连系梁	LL	39	桩	ZH
4	槽行板	CB	22	基础梁	JL	40	挡土墙	DQ
5	折板	ZB	23	楼梯梁	TL	41	地沟	DG
6	密肋板	MB	24	框架梁	KL	42	柱间支撑	DC
7	楼梯板	TB	25	框支梁	KZL	43	垂直支撑	ZC
8	盖板或沟盖板	GB	26	屋面框架梁	WKL	44	水平支撑	SC
9	挡雨板或檐口板	YB	27	檩条	LT	45	梯	T
10	吊车安全走道板	DB	28	屋架	WJ	46	雨篷	YP
11	墙板	QB	29	托架	TJ	47	阳台	YT
12	天沟板	TGB	30	天窗架	CJ	48	梁垫	LD
13	梁	L	31	框架	KJ	49	预埋件	M
14	屋面梁	WL	32	刚架	GJ	50	天窗端壁	TD
15	吊车梁	DL	33	支架	ZJ	51	钢筋网	W
16	单轨吊	DDL	34	柱	Z	52	钢筋骨架	G
17	轨道连接	DGL	35	框架柱	KZ	53	基础	J
18	车档	CD	36	构造柱	GZ	54	暗柱	AZ

（1）钢筋混凝土构件的基本知识。

① 钢筋混凝土构件及其混凝土强度等级。混凝土是由水泥、砂、石子和水按照一定比例配合搅拌而成，把它灌入定型模板，经振捣密实和养护凝固后形成混凝土构件。为了提高混凝土构件的抗拉力，常在受拉区配置一定的钢筋。由混凝土及钢筋两种材料构成的整体构件，叫钢筋混凝土构件。

混凝土按其抗压强度的不同分为不同的强度等级。常用的混凝土等级有 C7.5、C10、C15、C20、C25、C30、C40 等。

② 钢筋的种类、符号及图例。钢筋按其强度和品种分成不同等级，并分别用不同的直径符号表示。

③ 钢筋的分类与作用。按照钢筋的作用进行如下分类。

受力筋：是构件中主要的受力构件。承受构件中拉力的钢筋叫受力筋。在梁、柱等构件中有时还需要配置承受压力的钢筋叫受压筋。

箍筋：是构件中承受剪力或扭力的钢筋，同时用来固定纵向钢筋的位置，使钢筋形成钢筋骨架，用于柱和梁。

架立筋：它与梁内的受力筋、箍筋一起构成钢筋骨架。

分布筋：它与板内的受力筋一起构成钢筋骨架。

构造筋：因构件在构造上要求或者是施工安装的需要而配置的钢筋。架立筋和分布筋也属于构造筋。

（2）钢筋混凝土构件结构详图的绘制内容，主要包括构件代号、比例、施工说明；构件定位轴线及其编号、构件形状、大小及预埋件代号和位置（模板图）；梁、柱的结构详图，一般由立面图和断面图组成；构件外形尺寸、钢筋尺寸和构造尺寸及构件底面结构标高；各结构构件之间的连接详图。

3）钢筋混凝土构件详图的绘制要求

（1）钢筋混凝土构件的表示方法。从外部只能看到钢筋混凝土的表面，而内部钢筋的形状和布置是看不到的。为了表达构件内部钢筋的配置情况，可假定混凝土为透明体。主要表示钢筋配置的图样叫作配筋图。配筋图通常由立面图和断面图组成。立面图中构件的轮廓用细实线绘制，钢筋简化为单线，用粗实线绘制。断面图中剖切到的钢筋圆截面绘制成圆点，其余未剖切到的钢筋仍用粗实线绘制，并规定不绘制的材料内容。

为表示出钢筋端部形状、两根钢筋搭接情况及钢筋的配置，钢筋施工图中一般采用表 5-3 的图例来表示。

对于外形比较复杂或设有预埋件的构件，还需另外画出表示构件外形及预埋件位置的图样，叫作模板图。在模板图中，应标注出构件的外形尺寸（也叫模板尺寸）及预埋件型号和其定位尺寸,它是制作构件模板和安放预埋件的依据。对于外形比较简单,无须预埋件的构件,在配筋图中已标注构件的外形和尺寸。

（2）钢筋混凝土构件的标注。钢筋的直径、根数及相邻钢筋中心距一般采用引出线方式标注，具体标注有以下两种。

① 标注钢筋的根数和直径：用于梁内受力筋和架立筋的标注。

② 标注钢筋直径和间距：用于梁内箍筋和板内钢筋的标注。

表5-3 一般钢筋的表示

序号	名称	图例	说明
1	钢筋横断面	●	
2	无弯钩的钢筋端部		下图表示长短钢筋投影重叠时，短钢筋的端部用45度斜线表示
3	带半圆形的钢筋端部		
4	带直钩的钢筋端部		
5	带丝扣的钢筋端部		
6	无弯钩的钢筋搭接		
7	带半圆弯钩的钢筋搭接		
8	带直钩的钢筋搭接		
9	花篮螺丝钢筋接头	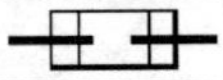	
10	机械连接的钢筋接头		

钢筋的长度在配筋图上不进行标注，通常列入构件的钢筋材料表中，而钢筋材料表由施工单位编制。

2. 给排水工程施工图

给排水工程包括给水工程和排水工程两个方面，给水工程指取水、净水、输水及配水等工程；排水工程主要指污水处理。给排水工程是由各种管线及其配件和水处理、存储设备组成的，给排水施工图就是表现整个给排水管线、设备、设施的组合安装形式，作为给排水工程施工的依据。

1）给排水施工图的组成

给排水施工图组成内容较多，尤其对于一些大型景观项目，一般包括管线总平面图、管线系统图（管线轴测图）、管道配件及安装详图。

(1)管线总平面图。用于表现场地设计中给排水管线的布局形式，景观工程由于管线较少，所以一般绘制给排水平面图（见图 5-73），目的是合理安排各类管线，协调各类管线在水平及竖直方向上相互之间的关系。图纸中应包含以下内容。

① 图名、比例、指北针、文字说明及图例表。《建筑给水排水制图标准》（GB/T 50106—2010）给出了给排水施工图中各个构件常用图例。

② 在图中通过尺寸标注确定管线平面图位置，供水点或者排水口的位置，对于面积较大的区域要结合施工放线网格进行定位，并应给出分区管线平面布局图。

③ 为了保证管道通畅，在管线上还要设置相应的阀门井、检查井等，所以给排水管线的平面图上还要用符号表示出阀门井、检查井等，并标注坐标及井口设计标高。

(2) 管线系统图（管线轴测图）。为了说明管道空间联系情况及相对位置关系，还需绘制管线轴测布局图，并标注管线的高程。

(3) 管道配件及安装详图，包含管道上的阀门井、检查井的构造详图，如果参照国家标准图集，应在文字说明中标明参照的标准图集的编号及页码。

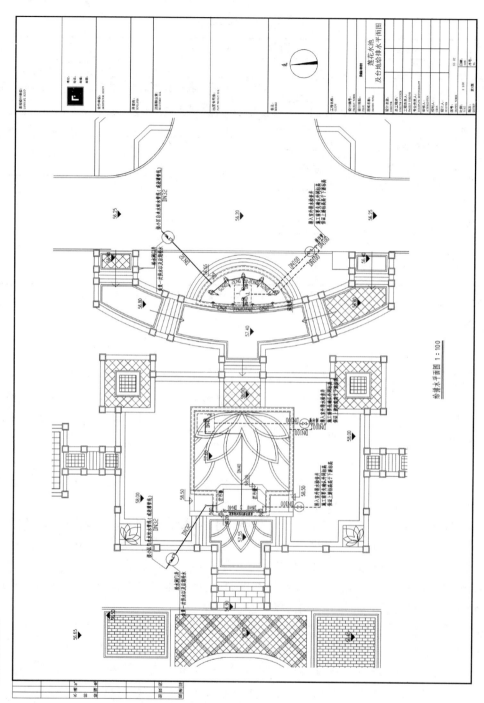

图5-73 给排水平面图

课堂讨论

1. 一套完整的景观施工图主要包含哪几部分内容?
2. 景观施工图在绘制过程中需要注意哪些问题?

典型案例

案例一：

该项目是为某居住区内私家庭院景观设计施工图。由于该私家庭院占地面积较小，通过平面图（见图5-74）及种植平面图（见图5-75）基本可以对相关方案内容进行一个准确、完整的表达，能够指导施工、费用计算等相关工作。

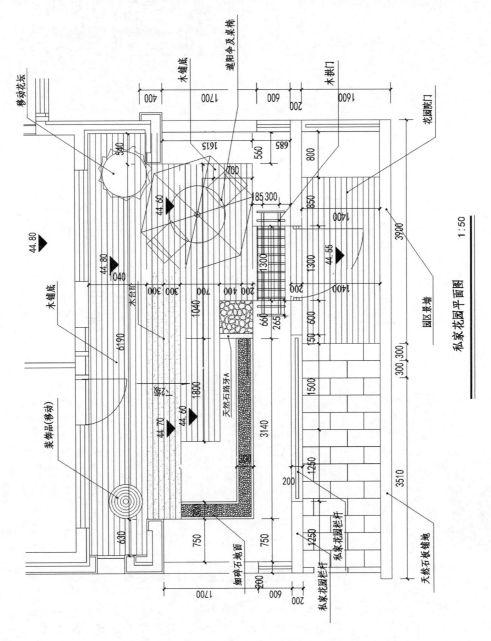

图5-74 某私家庭院设计施工图——平面图

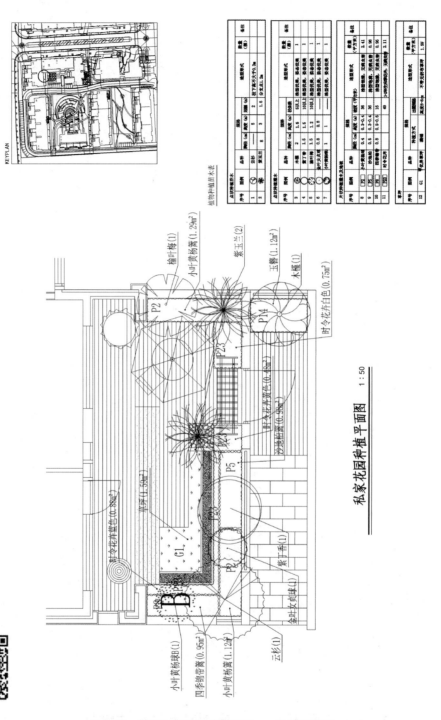

图5-75　某私家庭院设计施工图——种植平面图

　　项目在居住区内具体位置通过右上角总平面索引图进行位置展示，右下方通过图例表对相关图纸具体内容进行更详细、更具体的阐述，便于对设计的深入了解及相关施工工作的顺利、有序开展。

通过本章的学习，学生可以对景观工程制图的相关知识有全面的了解，在景观构成元素的表达与识别、景观施工图的基本识读及绘制等方面有更深入的认识，在设计学习及工作中可以进行熟练应用。在对本章知识进行运用时要认真、细致、耐心，尤其是对于细节的把握十分重要。

1.绘制景观工程图时需要学习及掌握的相关规范有哪些？
2.景观设计图中常见的制图符号有哪些？

根据课程所学内容，请完成下面图纸（见图5-76）的临摹绘制。注意相关图线的绘制要求及相关图例表达的准确性与专业性。

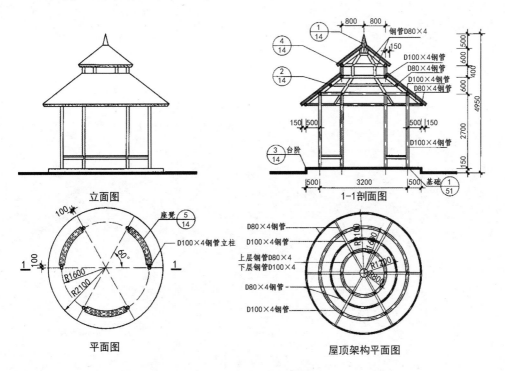

图5-76 亭子施工图

参 考 文 献

[1] 中华人民共和国住房和城乡建设部，中华人民共和国国家质量监督检验检疫总局 . 房屋建筑制图统一标准 GB/T 50001—2017[S]. 北京：中国建筑工业出版社，2018.

[2] 中华人民共和国住房和城乡建设部，中华人民共和国国家质量监督检验检疫总局 . 总图制图标准 GB/T 50103—2010[S]. 北京：中国计划出版社，2011.

[3] 中华人民共和国住房和城乡建设部，中华人民共和国国家质量监督检验检疫总局 . 建筑制图标准 GB/T 50104—2010[S]. 北京：中国计划出版社，2011.

[4] 中华人民共和国住房和城乡建设部 . 房屋建筑室内装饰装修制图标准 JGJ/T 244—2011[S]. 北京：中国建筑工业出版社，2011.

[5] 中华人民共和国住房和城乡建设部 . 风景园林制图标准 CJJ/T 67—2015[S]. 北京：中国建筑工业出版社，2015.

[6] 中华人民共和国住房和城乡建设部，国家市场监督管理总局 . 城市居住区规划设计标准 GB 50180—2018[S]. 北京：中国建筑工业出版社，2018.

[7] 中华人民共和国住房和城乡建设部，中华人民共和国国家质量监督检验检疫总局 . 公园设计规范 GB 51192—2016[S]. 北京：中国建筑工业出版社，2016.

[8] 中华人民共和国住房和城乡建设部，国家市场监督管理总局 . 民用建筑设计统一标准 GB 50352—2019[S]. 北京：中国建筑工业出版社，2019.

[9] 中华人民共和国住房和城乡建设部，国家市场监督管理总局 . 城市绿地规划标准 GB/T 51346—2019[S]. 北京：中国建筑工业出版社，2019.

[10] 张葳，何靖泉 . 环境艺术设计制图与透视 [M]. 北京：中国轻工业出版社，2017.

[11] 姜丽，张慧洁 . 环境艺术设计制图 [M]. 上海：上海交通大学出版社，2011.

[12] 杜鹃 . 景观工程制图与表现 [M]. 北京：化学工业出版社，2014.

[13] 诺曼·K. 布思 . 风景园林设计要素 [M]. 曹里昆，曹德鲲，译 . 北京：北京科学技术出版社，2018.